欧阳茜茜

著

不会忙等于白忙

中国出版集团

现代出版社

图书在版编目（CIP）数据

不会忙，等于白忙 / 欧阳茜茜著. -- 北京：现代出版社，2017.7

ISBN 978-7-5143-6312-8

Ⅰ. ①不… Ⅱ. ①欧… Ⅲ. ①成功心理－通俗读物 Ⅳ. ①B848.4-49

中国版本图书馆CIP数据核字（2017）第169759号

著　　者	欧阳茜茜
责任编辑	杨学庆
出版发行	现代出版社
通讯地址	北京市安定门外安华里504号
邮政编码	100011
电　　话	010-64267325 64245264（传真）
网　　址	www.1980xd.com
电子邮箱	xiandai@cnpitc.com.cn
印　　刷	三河市金泰源印务有限公司
开　　本	880mm × 1230mm 1/32
印　　张	8
版次印次	2017年10月第1版　2021年1月第2次印刷
标准书号	ISBN 978-7-5143-6312-8
定　　价	43.00元

序

为什么你一直都在忙，却没有成就感？

蒋勋说：“生活的美学，旨在抵抗一个字——忙。”

如果我们忙得顾不上和家人吃晚餐，顾不上和朋友逛街、喝咖啡，顾不上和爱人说情话，顾不上去看一看诗与远方，顾不上休息、读书、运动、旅行，那么，我们的忙又有什么意义呢？

我上学那会儿，最羡慕那种学能学好，玩能玩好的学霸。工作后最羡慕那些事业、生活都精彩而丰富的女神。听起来是不是挺简单的？但我却一直做得很差。

我在工作的时候，总想着外面阳光正好，出门旅行恰是时候。而到了玩儿的时候，心里又惦记着那些没完成的工作，心事满满的。最后什么乐趣也没享受到，以至于每次同事说我工作勤勉，生活积极时，我都替自己觉得委屈。

我一个表妹却和我恰好相反，她无论在做什么事情，总是投入百分之百的专注，她常常说的一句话就是：“人生没有规划，最后都只是瞎忙活。”这样的评价简直是一语中的。

当我们拒绝一件事情的时候，常用的理由就是“没时间”。

没时间健身、读书，没时间谈恋爱，没时间去丰富自己的灵魂。

但我们究竟在忙些什么呢？我们沉迷在加班的快感中，频频出现在各种酒场餐会，在微信群里发红包，抛段子……用各种各样的方式去加固我们的人脉，自以为是地管理自己的生活和时间。

却突然在某天发觉，自己一直忙前忙后处理的事情、攒起来的人脉似乎对生活没有丝毫改变。每天下班后瘫在床上，仔细回忆，却似乎没有任何成就感，记不得自己究竟完成了什么？

甚至有些原本计划好的事情，最后根本没能按计划进行，结果把后面的工作内容全都打乱了。越混乱，然后越焦虑，压力之下，再去工作会让人变得格外疲惫。

归根结底，这都是你在白忙。因为不懂得管理时间和精力，结果一直在忙忙碌碌，却又一直碌碌无为。

这个时候，我想，你或许需要学习一点“必杀技”。管理好自己有限的时间，去创造无限的价值。

或者说，是因为我们不够爱自己，也不够爱这个人生，所以我们每天都在忙，我们会感觉到焦虑，会因为未来的不确定性而恐慌，会抱怨生活的不完美，却从来不肯为它做什么改变。

但无论怎样，都不要用忙碌来成全自己，要让所有的忙碌都忙在点子上。我们应该更好地提高工作效率，而不是做一个低质量的勤奋者，用大量的时间来弥补自己的错误。

很明显，忙追求的是速度，而不是品质。一旦毫无目的的忙，就意味着心灵的枯竭和死亡，就象征着只要量而不重质。

我们根本不需要那么忙。比起在办公室匆匆忙忙吃完一份外卖，能和家人坐在餐桌前吃一顿丰盛的晚餐是多么幸福的事情；在星巴克和人谈着莫名其妙的生意，和在家中阳台上的靠椅里，悠哉的喝一杯下午茶，看一本闲书，那个更有意思？

当然都是后者。

而我们能享受生活的乐趣，必然要对生活做好长远的规划，并按部就班地进行，重视质量，而不是赶速度。

过高效率的人生，而不是盲目地打时间战役。

没有方向，没有方法的人生，就像一只无头苍蝇。用高效的方法来拒绝白忙，利用好每一块儿碎片的时间，让行动不只是停留在说说。

你还在困惑为什么你一直在忙，却没有收获？因为成功没有进度条，只有0和100%；因为你的忙碌没有方向；因为你用错了方法；因为生活中不仅仅有诗与远方，更多的是负重前行。而我们现在所有的努力，都只是为了让你的未来变得更从容。

所以说，当你忙忙碌碌，却碌碌无为的时候，不如放下手头的工作，停下来思考自己是否陷入了“白忙”的怪圈。

而此时的停下来不是对生命的懒散放弃，而是扩宽了生命的宽度，让生活充实有乐趣。

不过白忙的人生，从这一刻开始，有目标有规划有方法，何愁不能偷得浮生半日闲，何愁没有成就感。

欧阳茜茜

2017年5月12日

目录

第五章　用高效拒绝白忙

第六章　不过白忙的人生

第一章
白忙是一种病

听说你忙忙碌碌，却一事无成

不会忙的人生，从来都只是白忙一场。而那些看起来毫不费力的人，不是他们在背后牺牲睡眠和健康去努力，而是他们找到了成功的“捷径”。

我的朋友袁茹辞职了。她之前在一家上市公司做HR，薪水待遇都算得上行业的佼佼者。除了工作忙了一点，几乎没别的问题。

老同事旁敲侧击问她是不是找了更好的单位，她却说不工作了，要好好地玩儿一阵子，时间暂定三个月。

朋友圈一下子全都炸了，朋友纷纷发来劝诫词，各种鸡汤段子全部飞了出来。什么“有的人死在了25岁，却75岁才埋葬！”“你现在跑得快一点，就是为了将来休息得更从容一点。”“人生总是很累，你现在不累，以后会更累！”

“我从来不怕累，我怕的是忙忙碌碌，却一事无成。”袁茹解释。

但朋友并不以为然，“世界那么大，到哪都一样。与其追求虚幻的诗与远方，不如赶紧让自己忙起来！”

袁茹沉默了，坐在我家客厅的沙发上问我：“难道我做错了吗？那为什么我忙碌了7年，依然感觉自己一事无成？”

“也许你一直都是在白忙呢？”

我另一个朋友许若源也有同样的困惑，他总是看起来很忙，但每一周的周末总结，却仿佛白忙了一场。每天资料整理了十几遍，策划点子想了七八个，却始终不能拿出一个行之有效的方案来。

时常会在他朋友圈看到加班到深夜的说说，但业绩依然在原地踏步！

其实，这类人只是看起来很忙罢了。他们不懂怎样高效工作，于是在重复性的事情上浪费了自己的时间和精力。比如想一个毫无意义的方案，或者参加各种无意义的会议，企图用这种表面的忙碌，来证明自己的努力。

他们不仅想感动自己，甚至还企图感动别人。

起床，上班，外出采访，摄影，和客户沟通，处理邮件，参加会议，刷刷新闻头条，看看朋友圈，在微信群里说几句话，然后下班。于是开始业余时间：各种聚会，聊天，吹牛……睡觉前再翻翻微博，对各种八卦新闻轮番吐槽一遍，看看时间，不知不觉到了晚上十二点，发条说说：“又是忙碌而充实的一天！”

但又有多少人能在这样的“忙碌”里，有所收获呢？

恐怖的是，这样看似毫无意义的忙碌，第二天还得继续：起床，上班，外出采访，沟通客户……

整个人仿佛成了一个旋转的陀螺；生活，成了机械化的去完成各种程序。然而，这并不是他们想要的，他们也有梦想，也渴望站在最辉煌的舞台，他们想要的是生活而不仅仅是活着，也同样不能接受自己忙碌的结果，竟是白忙一场。

那么，是什么让他们陷入这样的忙碌状态？为什么已经这么忙，还没得到自己想要的结果呢？

忙，是因为懒得去想自己为什么忙。

生活中大多数人的忙，都是不知道自己为什么而忙。大多数人都讨厌忙碌，却并没有勇气从这个“白忙”的怪圈跳出来。

于是，日积月累，逐渐习惯了这种白忙的生活，忘记了曾经的诗与远方。

不面对，不挣扎，不反思，最后都演变成一只壳里的蜗牛。

忙，是思维僵化，懒得去提高效率。

尤其是在处理一件不算复杂，但极具重复性的事情时，即使有更高效的方法去实现，但大多数人依然会选择重复性操作。

这样的忙碌，都只是假象。低效还不肯去创新，才是白忙的根本原因。

忙，是因为懒得马上行动。

人的本能中，有两件事会做得特别熟练，一拖和再拖。

拖延会让原本很简单的事情复杂化，甚至还增加了事情的不可控性。最后，越拖越忙，越忙越拖，循环往复，直到崩溃。

生活或工作中，总有这样一群人，他们每天都会给自己煮一锅鲜香肥厚的鸡汤，然后拼命告诉自己“你只有拼命努力，才能看起来毫不费力”。

于是他们加班到深夜，希望通过这一系列的辛苦，来获取成功。却不了解，不会忙的人生，从来都只是百忙一场。

有些人似乎毫不费力，就实现了别人奋斗几十年也实现不了的梦想，甚至会有人说这类成功者是“命好”。

但其实他们只是找到了成功的捷径。

这些人会利用有限的时间，高效处理问题。因为他们知道，事情的重点常常不是表面的忙碌，而是背后隐藏的规律和方法。于是他们会有更多的时间去看看远方，而那些深陷“白忙”漩涡里的人，却总是用一句“我没有时间”，把自己困在了眼前的苟且。

所以休息下来为自己准备一段有效的学习时间，放大自己的视角，你会发现这个世界还有很多种生活方式。

我们其实并不排斥忙碌，我们不能接受的是，忙忙碌碌的背后是碌碌无为。要跳出“白忙”这个怪圈只需对症下药。

勇敢创新，探索问题背后的规律，用高效代替忙碌。

我们无法选择要做的事情，但我们可以选择做事的方法。成功者的捷径之一，就是事半功倍。每个人一天都只有24小时，但如果效率提高，时间就会被拉长，24小时也可以活出48小时的精彩。

用“马上去做”代替“等一等”。

人都有惰性、害怕失败的本能。所以当面对困难的时候，我们很自然地就想放弃，如果不能放弃，那就尽可能地延后。因为畏惧困难，所以想尽一切的拖延。

而治疗拖延症，我们要做的就是对症下药。面对困难的事情，不妨用两个方法征服它：

一个，给自己设定奖赏，这种奖赏可以是物质也可以是精神，无论哪一种，一定是自己内心渴望的。它就像是小驴眼前的胡萝卜，勾着自己前行。

另一个，给自己设定最后期限和惩罚。这个最后期限一定要比你的实际期限要提前，给自己留下万一失败还能继续重新开始的时间。

忙不是目的，目的是得到我们想要的生活，所以不要每天都是在白忙。既然忙了，就要有忙的结果，只忙没有结果是浪费青春。

我希望有一天，站在时光的洪河里，我们在发现时间流失的同时，才华、财富等有所增加，我们不因虚度光阴而悔恨，慢慢地蜕变成更好的自己。

问题1.为什么我那么努力，却依然不会成功?

答：努力就一定会成功？并不是这样的，你所看到的因为努力而成功的人，只是一部分。努力从来都是痛苦的，很多人曲解了努力，认为只要努力，就会有成功。并不是每一份努力都会换来收获。而我们能做的就是让努力找对方向，尽可能用努力达成成功。

问题2.为什么我总会无意识的拖延，一整天下来，很多事情都不能完成?

答：有调查显示，所有的拖延症归根究底是源自内心的害怕。因为害怕对这个事项的不定性等，所以摆脱拖延症，很大程度是消除对需要完成的事件的恐惧。

另一方面，拖延症也是因为无目标，无计划。给自己制定好合适的目标，用激励等方式增加动力，向着目标更快的前行。

忙得没时间度假，你的人生很危险

实际上，我只是一个平凡得不能再平凡的人，智商平凡、能力平凡、机遇也平凡。我能做到这些的唯一原因就是：努力地用好每一分钟。

世上从来没有真的“没时间”这件事，只不过事情在你心里没那么重要而已，度假亦是如此。

前些日子去云南旅游，我在朋友圈晒了一些阳光下悠闲喝咖啡的照片，有朋友评论说：“太有时间啦，还能去云南玩儿。”还有人评论：“带一缕云南的清风回来。”但说得最多的却是：“嫉妒呀，我已经好久没有度假了。”

如果说是事业正处于上升期的朋友说这些，我尚且能够理解，可我看了看那几位说没时间度假的朋友，他们也只是按部就班的工作与生活，没有身居要职，也没有重担在肩。所以，他们每天到底是因为什么而忙到连度假的时间都没有？

周末难得和朋友聚在一起，闲聊中大家说得最多的都是“太忙了，没时间”。没时间运动健身，没时间阅读提升自己，没时间去看一看远方的风景，于是最后庸庸碌碌，平淡一生。

但是在这些“没时间”里，有多少只是我们止步不前的借口，用来拖慢自己人生的脚步？又有多少忙碌是因为不懂得时间管理？

经常有人会羡慕我，说：“你做事到底多么高效，才可以支持你这样丰富的生活？”

因为他们看到的是，我独自经营的公司业绩蒸蒸日上；我每天都会去健身房，甚至已经练出了马甲线、人鱼线；我坚持写自己的公众号文章，坚持每天看书和学习；坚持不定期来一次说走就走的旅行，去看我想看的风景，过我想过的生活。

仿佛我的身体里，真有比别人更加强大的小宇宙，或者我有什么法宝，才能像八爪鱼一样，有条不紊地完成这么多的事情。

但实际上，我只是一个平凡得不能再平凡的人，智商平凡、能力平凡、机遇也平凡。我能做到这些的唯一原因就是：努力地用好每一分钟。

世上从来没有真的“没时间”这件事，只不过有些事情在你心里没那么重要而已，度假亦是如此。或者换句话说，你没有时间做某些事情，并不是你真的挤不出来时间，而是它不够重要。

不是“我都忙死了，所以没有时间去度假”，而是“我选择不去度假，因为有更重要的应酬要参加”。

想要更高质量的生活，需要的是更高效的时间管理。

现实中，越是成功者，他们越有时间做更重要的事情。为什么？因为他们会管理时间。

其实时间并没有那么难管理，生活与梦想也是。你想成为什么样的人，你就要付出什么样的努力。想在哪收获繁花，就要把时间播种在哪。

五条时间管理小贴士，让我们一起告别“白忙”。

一、学会对时间的整天安排。

时间管理的核心是把每一分钟，每一秒都用在正确的事情上。对此我们需要了解生活中到底有多少时间被用于工作和生活。如果能把每一分每一秒都放在整体规划里，也就避免陷入无所事事浪费时间的陷阱。

在普通人的潜意识中，每周有价值的时间是从周一到周五，每天的时间是工作中的那八个小时，反而并不在意周末到底有多少个人时光，不清楚撇去工作时间后，还剩下几个小时可以用来重新利用。

如果把每天二十四小时，每周七天的全部状况都考虑在内，可能会多出许多的时光。

二、正确估算做某些事情需要花费的时间。

这听起来很简单，但却并不容易做到。时间估算错误，很容易把生活搞得一团糟。

计划一个小时的会议，最后半个小时结束了；计划半个小时的路程实际却用了一个小时，这样的情况遍布工作的方方面面，甚至导致整个计划表混乱。

计划不准确导致时间不够用或多余的时间被浪费，次数多了容易让人产生烦躁，厌倦时间规划这件事。

三、学会时间重叠。

其实生活和工作中，有许多事情是可以同时进行的，比如等一杯咖啡的时间可以复印几份文件，吃饭的时间可以刷几条新闻。生活或工作中，把这些事情叠加来做，也就完成了对时间的叠加，节省了一部分的时间。

四、认真安排你的休闲时光。

我们大部分人都很擅长去制定自己的工作目标，但是在个人目标上就没那么擅长了。有时候，周末一整天的时间都能耗在一张床上。等到生活中真的遇见必须做的事情，就只能从工作时间里挤出来了。

其实我们完全可以把自己的时间分为三类：个人时间，家庭时间和工作时间。然后在个人类别下，做出时间安排。比如看一本书，学习插花，参加聚会等。

五、尝试着利用碎片时间。

我们很难有完整的大块时间去处理事情，那不妨放松心态，利用好碎片化的时间。读一篇好文，听一首音乐，打一个电话和家人来一次沟通。

我一直坚信的是，不管我们看起来有多忙，对于我们想做的事情，对于我们认为重要的事情，时间总是足够用的。

即使生活忙碌，我们也不能失去乐趣。只有我们真正能掌控时间，把时间有效管理起来的时候，才能在有限的时间内，活出无限的多姿多彩。

问题1.事情那么多，从哪里抽出时间去度假?

答：度假只是生活的一种方式，只要心有工作，哪里都是办公室。如果工作实在很多，不妨带着工作上路。尝试着在沿途中处理工作，也许心灵放松之下，效率会更高。

问题2.你热爱工作，不喜欢度假?

答：度假不仅仅是一种乐趣，更是一种放飞灵魂的方式。一个人如同一张弓，如果总是处于满弦状态，则容易弦断。人如果不放松自己，则容易生病。所以，即使梦想再大，也请等一等路上疲倦的肉体。

明明工作十年，工资还和新人一样

成长就是走出舒适区，这句话不仅适用于初入职场的年轻人，同样也适用于职场老鸟。好的工作的意义就是让我们每天都不是在重复昨天的自己，总是有新的挑战和学习。

我那位在体制内工作的朋友离职了，他的朋友们都感到很诧异，甚至他周围的亲朋好友都打去电话劝阻，理由不外乎："现在的这份工作，钱多事少离家近，还有什么不满足的？好好工作，别瞎折腾了。”

但他仅仅用了一句话，就堵住了所有的反驳：“我已经有三年没有涨过工资了。”

前段时间他参加了一场同学聚会，周围的朋友都已经升职加薪，迈向人生巅峰。那些起点还不如他的同学有些已经买了房子，有些成了小公司老板，唯有他还守着四千元的工资过日子，仿佛什么也没变化，毫无成就感。

他气愤地说：“离开了旧公司，我也一定能找个好工作！”

其实对于他的离职，我一点儿也不觉得惊讶。大概是七个月以前，他就来找过我，言语中尽是对工作的不满。

和大多数体制内员工一样，朋友的工作内容并没有太过繁重，日常交谈中还常常享受着别人艳羡的目光。但是工作时间越久，在享受安稳的同时，朋友渐渐有了心理落差。

工作初期，他和自己的朋友相比，自己的工作是最好的。但是随着工作年限的增加，那些曾经疲于奔波的同学经过职场的打磨，练就了一身本领，无论在哪个岗位都做得游刃有余，升职加薪自然不在话下，甚至有些创业者，都慢慢度过了公司的初创期。

只有他回顾自己七年的工作生涯，似乎什么也没有学会，原本熟练的技能也在这几年的安逸中消磨掉了。

朋友也觉得很难过，工作七年，别人上班的时候，他也在忙碌。别人加班的时候，他也不得不出入各种工作聚会。但最后别人收获颇丰，而他依然和刚工作的时候，没什么两样。

其实近几年，我身边有好几位朋友从体制内辞职，问他们的原因，大多都说：“太安逸了，明明才二十几岁，却觉得能看到自己五十岁的样子。”

而我每次工作疲惫，想自暴自弃选择安逸生活的时候，都会默默问自己一个问题：“你有足够抵御风险的能力吗？”

人不可能安逸一辈子，除非你输得起。

否则，你一个月赚几千块钱，怎么应对未来的种种变故？包括天灾人祸，职场斗争，行业变迁带来的各种损失。

当你停止了奔跑的时候，不要以为你只是原地踏步而已，其实你是被远远甩在了后面。

生活中，我们不妨问自己：你的工作有成就感吗？在工作中你收获了成长吗？

如果你每一天都处在舒适区，机械地重复昨天的自己，那么一定不会有任何进步。

由此可看，找一份好工作至关重要。

那么什么是好工作呢？是众人口中那个“钱多事少离家近，位高权重责任轻”呢，还是有充足的发挥空间？

辞职后的朋友，出没在一些招聘会现场，拿回家一大堆的招聘简章，然后从薪酬到年末福利，甚至连每个季度的话费补助都换算到月工资里。他说。“这次找工作，一定得挑一个赚得多的。”

但是，一份好工作，一定不是简简单单可以用薪酬高低来决定的。

好的工作一定是能够让我们保持学习和成长的状态，在完成任务，获得酬劳的同时，实现自我的价值和梦想。

好的工作其意义就是让我们每天都不是在重复昨天的自己，总是有新的挑战和学习。

好的工作并不是简单的薪酬和劳动的等价交换，也不是当前给了自己多少物质，而是能带给自己多少成长。而成长就是走出舒适区，这句话不仅适用于初入职场的年轻人，对于那些在职场安逸太久的老职员，也同样适用。

北京大学曾做过一场职场调研，调查对象是上万名职场人，整张问卷其实只有一个问题——“你找工作最看重什么？”原本认为，大多数人都会选择“钱多事少离家近”。但结果反而是“发展空间广阔”占据了70%的比重。

许多人说：“和优秀的人一起工作，每天可以学习新东西。”

可见，我们每个人还是希望能从工作中获得成长和发展，提升自己的核心竞争力。而不是过早地选择安逸，得过且过地混日子。

那么在换一份好工作前，我们需要做什么样的准备呢？

首先，做一场调查。

这份调查分为两个部分，其一针对你所感兴趣的行业，了解你所在城市该行业的发展和未来前景，是否足够生机勃勃。其二，了解你自己。分析自己的职业能力、职业匹配度，切莫把兴趣当作自己的能力。

其次，对你即将要从事的工作，或者希望从事的工作进行一个简单分析。

我们可以把一份工作简单划分为两种，释放型和沉淀型。

释放型工作，顾名思义主要是知识和创意的输出，若输出大于输入的状态，那么每日的工作都是在消耗曾经的知识和能量，而不是在学习和进步。而沉淀型工作，则是指在工作中可以不断发现自身不足，并且有平台，有资源，有能力让自己不断学习补充，获取进步。

再次，建立自己的职业知识体系。

无论即将从事哪一行业，都需要心无旁骛的把多年积累中收获的并且未来可能需要的智慧分类汇总，并进行梳理管理，保证在新环境下，不会手足无措。

最后，提前储备好人脉关系。

无论从事什么行业，只有充足的人脉，才会让你在未来的工作中，抓住每一次机遇，让沟通畅行无阻，行事都显得游刃有余。

问题1.不是在体制内，工作内容也不少，每天很忙碌，但为什么工资从来不涨?

答：涨工资是多方面因素产生的效果，如果你的工资已经有一年的时间没有发生变化，那么你需要做一件事，反思或者辞职。

反思你日常工作状态，是不是因为自己的工作态度和成绩，让领导对你的工作表现出不满意。若不是自身的原因，那么你可以认真考虑辞职。也许这恰是代表，公司已经没有更高的空间让你发挥。

问题2.为什么领导宁愿给新人高工资，也不愿给老职员涨薪?

答：俗语说："外来的和尚好念经"，对于老职员，领导已经掌握其具备的能力和技能，工作没了惊喜，自然不愿涨薪。而对于新人，因为不了解，故而期望用高薪刺激他更努力的工作。

另一方面，给老职员涨薪的成本比较高。因为他们在公司待的时间久了，自然成了一个体系，当一位老职员涨薪的同时，可能需要对其他的老职员也涨薪，成本骤然加大，由此领导当然宁愿给一个新人涨薪，也不愿给无数老职员涨薪。

你拼命工作的背后，只不过是一场虚张声势

即使斑鹿已经跑得足够快，但只要有0.01秒的落后，就已经失败。成功亦是如此，它没有进度条，不会显示30%，50%……它只有0和100%。

你们有过被工作逼至崩溃的经历吗?

想起曾经的自己，因为一个被连续退回十几次的方案抓狂，

因为被经理在会议上批评偷偷抹泪，因为长达20个小时的工作加班而崩溃痛哭。

曾有无数次恨不得大踏步走到总经理室，把辞职报告狠狠摔在他脸上，然后潇洒离开，但每次一想家里茶几下压的那张房租收据，只好硬生生把那口气憋了回去。

其实现在很多年轻人都不开心，觉得老板太吹毛求疵，工作内容太苛刻，加班时间太长等，以至于感觉人生极其痛苦。

他们怪工作、怪生活、怪社会、怪别人。

他们总是说："我过得不好，都是你们的错。"

这样的年轻人，最近我刚认识一个。

她是一家广告传媒公司的文字策划，每日的工作内容就是寻找有爆发力的新闻。我们第一次见面，她就一直在抱怨工作好累。

她觉得自己的领导实在是苛刻，明明每天只需要发一条新闻，但这条新闻却可能被打回三四十次。

数以几十次的修改，让她对工作生出了倦怠。甚至她每天都在倒计时，还有两小时下班，还有一小时下班，还有十分钟下班。下班的时候，她一秒钟都不想多留，几乎都是冲出办公室的。

其实她也奇怪，什么时候自己堕落成这个样子，曾经那个满腔热血的姑娘到哪去了？

有时我也会安慰她，如果真的感觉疲倦，不如休息一下。但都被姑娘拒绝，她说："这年头，如果不努力的话，自己都瞧不起自己。”她之前在网站实习过，后来做过杂志社的编辑，但是工作中都曾遇到同样的难题，那就是上班的时候，她的大脑仿佛一把生锈的齿轮，转都不肯转一下，木讷的思维，让她的文案枯燥无味。

她以为自己是能力有限，但是周末在家，对着电脑、手机，刷网页，看新闻的时候，各种段子脱口而出，脑子里总会灵光乍现出各种创意妙点。

其实不少年轻人都遇到过这种场景。上班的时候，拼命告诉自己要努力，成为更好的自己，但是一上班，整个人就只剩下一副空壳子。那个曾经热血沸腾，想在职场上开拓疆土的自己，逐渐变得平庸，最后只剩下虚无缥缈的勇气。

明明有时候，我们已经做好了万全的准备，制订了完美的计划，却在准备执行的时候，总有突发状况。

甚至有时已经按照计划开始执行，一整天都在忙忙碌碌，但最后却是效果不佳，甚至有些忙碌也只是摆摆样子，虚张声势徒劳无功。

半年前，我的状态就是如此，拼命地工作，但并没有什么效果，反而从内心对工作产生抵触情绪。

那段时间我把自己埋在美食堆里，试图用食物填饱自己的欲望，我的体重增长得很快，但整个人的精神状况很糟糕。

直到某天清晨，我盯着镜子里那个因为腰腹赘肉，拉不上牛仔裤拉链的自己，骤然惊醒，对自己说，“我不能这样继续下去。”在咨询了几位职业经理人后，我对自己进行了一次深刻的分析，并找到了相应的对策。

把时间划分为几块儿，专门留出一到两个小时，进行自我学习。

因为工作范围扩展，我需要自学视频剪辑、PS软件，于是干脆把这段时间设定在了晚饭后。计划制订得很完美，属于看一眼就全身斗志满满的类型。

但我太了解自己骨子里的劣根性，为了监督自己，我下载了专门的时间管理软件，把每个小时分段处理，在闹钟响之前，坚决不能离开书桌，或者拿起手机。

也许恰是因为这份紧迫感，在接下来的一个多小时里，我竟然没有玩儿过一次手机。

一个月后，我成为设计部第一个学会剪辑和设计的文案设计师，并成功实现了升职。

选择一个环境，集中注意力，勿让杂物干扰自己。

上学的时候，老师总是让学生尽可能去图书馆上自习，而不是留在寝室读书。

这其中最重要的一个原因就是，图书馆拥有安静的学习氛围，当周围的同伴都静下来学习时，很容易也让你沉静下来。

而在寝室里，你可能会被突然的造访者，楼道里的打闹声，宿管阿姨打扫卫生的动静，甚至是桌上的一包零食所影响。本该放在学习上的注意力会被分散，导致学习效率大打折扣。

无论在哪里，做什么，没有高度的注意力，就很难成功。

若实在不能坚持的时候，请不要死撑。

我并不是每天都文思泉涌的，也曾坐在电脑前几个小时，却敲不出一个字。有时候也会怀疑自己，面对客户的质疑，我自己拿着那份不合格的广告文案，脸上都是灼烫的。

每次面对别人质疑的声音“你为什么要坚持”？我的回答看似很酷，却也很心酸：“我哪有什么坚持，全靠死撑。”

但死撑出来的结果并不一定都是好的。

读大学的时候，有一门学科素来被称为“鸡肋”，内容极度枯燥，久之大家都失去了上课的积极性，只有到期末考试的时候，拿着老师画的重点，考试前一天晚上，通宵背诵。趁着瞬间记忆，勉强能考出一个好成绩。

但是考完之后，脑子里一片空白，甚至完全说不出考题来。

这样的死撑就像是工作后的我们，自以为感觉良好的用突击勉强交了一份答卷，却在最后发现，依然一事无成。

所以，在难以胜任的时候不如选择放弃，换另一种方式重新开始。

那种带着一腔热血上班，下班后却发现忙碌的背后是徒劳无功和对自己无限的折磨的生活；想改变当前现状，想给自己的生活注入新的能量，但越努力似乎距离梦想越远；到最后，所有的勇气都被失败消磨殆尽，只剩无用的自我安慰。

所有的忙碌和行动在别人眼中都只是一副虚张声势的样子。这样的生活我完全不想去过，你呢?

问题1.被突发状况打乱的计划，怎样有效弥补?

答：当一份计划被打乱的时候，意味着你的思绪也被打乱，此时无论怎样弥补，你都很难继续高效率的工作。

所以，不妨从根源入手。在制订计划的时候，每小时预留出5分钟的弹性时间，这样即使出现突发状况，也不至于打乱所有的计划，不会乱了心神。

而如果突发状况持续时间比较久，那么在结束后，你要做的不是继续之前的任务，而是比照计划书，了解当前需要做的事情。而那些被突发状况耽误的事情，就留给下一段的弹性时间。

问题2.你明明已经竭尽全力，为什么还一事无成？

答：你所谓的竭尽全力其实只是尽力而为罢了。草原上有一条残忍的生存规则。奔跑的速度决定了生死。当豹子跑不过斑鹿，就有饿死的风险。同理，如果斑鹿在发现豹子的那一瞬，不能将豹子甩在身后，就会被吃掉。所以，从太阳还未升起，豹子和斑鹿就开始了生死赛跑。

在这种情况下，即使斑鹿已经跑得足够快，但只要有0.01秒的落后，就已经失败。这是现实，亦如成功，它没有进度条，不会显示30%，50%……它只有0和100%。

这样，你还会认为自己已经竭尽全力了吗？

你饭局上纵横四方，却让人脉摇摇晃晃

你还在迷茫，饭吃了那么多次，酒喝了那么多场，结交了一

大把各行各业的精英，为什么生活和工作还是没有丝毫改变？

放弃那些无用社交吧，饭桌上的纵横四方，和人脉并没有更多的关系。把时间用在高质量的独处上，做出成绩来，莫要让真正的人脉继续摇摇晃晃。

你是否有过这样的经历，手机联系人很多，可是晚上郁闷的时候，通讯簿从头翻到尾，却找不到一个人出来喝酒。看着被缓存拖垮的手机速度，选择了要退出的微信群，最后还是选择了“取消”。

总觉得某些人脉很重要，说不定哪天就用得上。于是微信好友里的“僵尸粉”越来越多。如果你是这样，那么事实说明，你的人脉其实早已摇摇晃晃。

很早之前的我，就是这样，认为一个微信好友就是一个人脉，一次交集就是一场感情的深化。

所以几乎每一场通知到的饭局我都会参加，见人就发名片，加微信好友。

大家端着酒杯，大力吹嘘着自己最近的动态，比如又做成了上百万的项目，或者企业盈利点再上升了几个数字。而我眼冒金光看着桌上的诸位成功者，自豪地以为自己已经加入了成功者的圈子，幻想着从中受益，成就更好的自己。

但其实那些饭局上的人，大多数都抱着和我差不多的想法。他们那些所谓的战绩其实是平台的成就，他们不断地周旋在各种聚会之中，也是为了能多认识一些大人物。

但当有一天，饭桌上真的出现了所谓的大人物，怎样才能和他们真正成为朋友，却成了我难以逾越的鸿沟；更不要说幻想的互相帮助，真的只能是幻想。

那些我认为的人脉，也只是我认为的。

前不久参加了朋友的新书发布会，一位姑娘坐在我身边，突然她问我："您有多少个微信群呀？"

我打开了微信："12个。"

姑娘有些惊讶："怎么才这么几个呀，那您有多少微信好友呀？"

我不明所以："957人。"

姑娘满脸不理解："怎么才这么点儿呀，我都有3000多个呢，我的目标是加到5000人，让自己的人脉更广。这样您加我好友，我推荐给您吧。"

我婉言谢绝了姑娘的好意。

之后的几分钟，那位姑娘一直穿梭在座位间，不停地发名片，加微信。

我们都知道人脉很重要，也会花费大量的时间和精力投入在拓展自己的人脉上。然而结果恰恰相反，我们用尽90%的精力，换来的也只是重要性10%的人脉。

曾经我也加了很多微信群，幻想着好好发展，把群里的人全部都变成生活的好友，变成人脉。但忙碌的工作让我在群里一言不发，偶尔翻一下微信，一大堆群密密麻麻，一会儿不看就一大堆信息。甚至有些重要信息都被淹没在其中。几乎每天都要清理缓存文件，要不然手机就会卡顿、死机。即使那样，我想退群的时候依然在犹豫，仿佛退出一个群，就离开了一个圈子。

后来经过一些事情之后，终于明白，如果自己做不出任何成绩，也只是那些圈子里的边缘人，并不会从中受益。

有时候低质量的社交，不如高质量的独处。用社交的时间，去健身，看电影，读书，听音乐，做任何我想做的事，成为更好的自己。

也许你还在迷茫，饭吃了那么多次，酒喝了那么多场，结交了一大把各行各业的精英，为什么生活和工作还是没有丝毫改变？有需要的时候，依然各处碰壁。似乎只有精力和时间变少了，其他的全然未变。

原因很简单：人脉并不是吃出来，也并不是认识的人越多越好。

人与人的交往，其实就是你来我往。只有双方在某一个基点上，站在了同样的高度，拥有同样的价值，这个时候，才能称为朋友。

那些只是吃过几顿饭，喝过几次酒，吐槽过几个共同“敌人”的好友，我们老祖宗早就给他们下了定义：酒肉朋友。

你以为自己扎在饭桌上，你的人脉网就能多收拢一些人？其实只不过是浪费了时间和精力，稀里糊涂的过了一天。

认识人脉，不做人脉中的小透明。

人脉是一场权衡利弊的利益交换，绝对不是逢人便加。如果不能和别人站在同一水平线，就算添加再多的好友，也不过是微信上的一个数字。

做不出成绩，就融不进圈子。人和人的交往，很多时候是建立在价值之上的，你的价值决定了朋友的数量，只有自己能给别人提供同等价值的时候，人脉才是人脉。

与其巴结强者，不如用时间丰富自己。

我前同事小赵，性格外向，每天在各种聚会中活跃着，组建了十几个微信群，为了维护群活跃，每天在微信上耗费了大量的精力。但前几天，他却解散了大部分微信群，聚会也不再参加。

原来，前段时间小赵家中有事，急需一笔钱。原以为自己有上千位好友，大家随便帮助一把就能渡过难关。然而事实并非如此，那些在网络称兄道弟的人，在得知他的困难后，消失得无影无踪，几个群都沉默了许久。

小赵终于明白，自己无休止地想要讨好某人，奉上了各种礼物，换来的不过是言语上的回应。与其浪费时间做一些无用的社交，不如用这些时间丰富自己，与自己内心和谐共处，做最想要做的事，成为最好的自己，终有一天，曾经羡慕的人脉都会自己而来。

真正成功的人，并不在于微信上的好友数量，而是有多少人能帮他实现价值拓展。

所以，放弃那些无用社交吧，饭桌上的纵横四方，和人脉并没有更多的关系。

与其把时间浪费在无用社交上，不如学会高质量的独处。

问题1.如何分辨哪些是无用的社交？

答：翻一翻自己的微信、电话本等，有哪些人是加了好友却从来没有联系过的；有哪些人是整天散发负能量的；有哪些人是工作、生活和你都不会再有交集的？定期清理一下好友圈，远离无用的社交。

问题2.避免低质量的社交，应该怎样去丰富自己？

答：叔本华说，要么庸俗，要么孤独。一个人，只有在孤独的时间里，才能真正地提升自己，创造全新的价值。

当一个人的时候，你可以做任何你想做的事情。读一本书，拍一朵花，跳一段舞蹈，做一道美食，甚至秀一段直播。总之，只要你开始行动起来，时间从来不会辜负任何人的汗水。

问题3.社交具有选择性吗？

答：社交并不单指认识很多人，而是充满选择性的。无论是主动选择，还是被动选择，真正的社交都遵循一个原则：优秀的人会更倾向于和优秀的人交往。因为那些低质量的社交对他们来说只是一场时间的浪费。

为什么你卖力加班却依然完不成任务

为什么你每天都忙忙碌碌却还是完不成工作，而你身边那些优秀的人每天可以做无数件事，有数个兼职，好像他们比你多了

48个小时一样？

我猜你的一天一定是这样过的：清晨元气满满地起床，呼吸着新鲜空气，内心盘算着一天的计划，要高效完成任务，获得大Boss青睐！加油！

悠闲吃过早饭，按部就班地到了办公室，冲一杯咖啡，和身边的同事聊一聊昨晚播出的傻白甜电视剧，说一说路上的趣闻。半个小时过去了，终于坐在了桌子前，先把昨天因为着急下班胡乱摆放的文件收拾好，再翻一下计划本，规划一下具体先做哪件事。

又半个小时，手机有新消息通知，本来只是看一条短信，最后却开始翻朋友圈，刷微博。某某又传出绯闻，某某疑似被拍到新恋情……各种八卦消息，你按捺不住好奇心，都要点开看看。偶尔还会评价一番，一定是为了新剧炒作。

等回过神的时候，懊恼自己浪费时间的行为，只好接杯水，去趟洗手间，回来开始正式工作，结果一看时间10点25分。

突然想起手机里的消消乐马上要破纪录了，于是告诉自己，干脆再玩儿5分钟，10点30分正式工作。

不知不觉玩儿到了11点30，该去吃午饭了，索性安慰自己："算了，回来再工作。"结果午饭后是午休，午休后继续聊八卦，刷朋友圈，看微博，玩儿游戏……

结果下班前1个小时，终于开始惊慌："为什么又有这么多工作没做完？太忙了，感觉自己都快缺氧了。"

报表没有整理，数据没有核实，文案也没有提交，于是在别人下班的时候，自己只能选择加班。

忙碌到半夜，拍一张空旷的办公室照片，一张自拍，修图30分钟后，终于上传朋友圈："又一次加班到深夜，虽然忙碌，但为梦想很充实。"

5分钟后，你点开朋友圈，享受着说说被大量点赞的快感，再看一眼桌上没整理完的文件，自我安慰一番："今天已经很充实了，剩下的明天继续吧！"

为什么你每天都忙忙碌碌却还是完不成工作，而你身边那些优秀的人每天可以做无数件事，有无数个兼职，好像他们比你多了48个小时一样？

因为你完全不会管理时间，你拥有所有低效人士的所有坏习惯！

很多人问我，为什么你总是能快速地完成工作，还能抽出时间去参加健身，学习插画，管理团队，参加好多个聚会，甚至还能每周看完一本书？

我说，很简单呀，工作的时候，保持高效就可以，不浪费一点碎片化时间。

远离分散你注意力的"小怪兽"。

如果你的自制力并不好，你可以选择在工作的时候，把手机关机。很多人总是会在开始工作或者学习5分钟后忍不住开始刷手机，时间完全被切割。这不仅仅是在浪费时间，还是在浪费精力。因为当你从游戏中抽身出来的时候，你需要重新调整状态，投入工作。

正是这些磨人的“小怪兽”，总是让你的注意力难以达到高度集中，工作效率低下。微信上有一篇名为《放下你的手机》的文章中说，“其实只要你能抵御手机等外物的诱惑，做正事的时候不受干扰，那你就已经打败了99%的同龄人。”

不要继续拖延了，想到的就赶紧去做。

曾经我每次想做某件事情的时候，一定要把它写在计划表上，告诉自己，1个小时后再去完成，或者是一会儿再做。等到好不容易要开始做了，我又告诉自己，需要进入状态，比如喝一杯咖啡，吃一点儿零食，结果我可能电脑打开了2个小时，最后却只用了10分钟来做正事，其他的时间，被大堆无聊的事情占据。

远离那些负能量爆棚的人。

低效率的人往往喜欢和负能量爆棚的人做朋友，近墨者黑嘛。久而久之，大家在低效率、负能量这条道路上狂奔。所以，尝试着和那些真正优秀的人做朋友吧，他们才真正会激发你的斗志。

我原来有一位同事，每天只要遇见我，就要和我絮絮叨叨说上很久，比如领导又故意找她茬，办公室谁谁谁其实就是马屁精，自己怎么那么倒霉，总是扛锅。

而我为了表示出友好，还会绞尽脑汁地敷衍，去赞同她的言论。等抱怨了一个多小时后，她才意犹未尽地说了结束语。但是我的时间却在她的抱怨中无情地溜走了。我以为自己这样的奉献是为了我们之间的友情，但其实这样的友情不要也罢，这种感情只会让自己越来越差。

能快速解决的事情，马上去做。

优秀的人一般都在用“2分钟原则”，顾名思义，当一件事情在2分钟之内可以完成的话，马上就去做。比如你在走路的时候，突然想到要和客户打个电话，沟通文案。你想着等一会儿再说吧，结果很可能就那样忘记了。很久之后，因为这件小事捅出了篓子，你才想起来，“天啊，忘记和客户沟通了。”

有时候因为某件事情很简单，于是就很难将它放在心上，总是对自己说：“只要两分钟就能搞定，所以不着急。”

结果简单的事情越积越多，需要的时间也越来越长，让原本很简单的事情变得复杂。

所以，不要总是说“等一会儿”，能快速解决的事情，立刻就行动!

你只是假勤奋，其实时间都被浪费了。

不要瞧不上那些碎片时间，那些三五分钟足够你阅读一篇有深度的文章，和家人电话交流，和客户保持日常联络。

还有一些时间，我们都是浪费在某些事情上，比如等公交车的时候，有些人是在打游戏，而有些人是在思考工作。所以，同样的24小时，你却可能比优秀者少做了一半的事情，但你同样感觉出了忙碌。

拒绝焦虑等坏情绪，影响你的工作效率。

大部分人都患有焦虑的情绪，因为焦虑，许多事情难以沉下心去完成，心浮气躁地怨天尤人。抱怨社会制度不公平，抱怨自己生不逢时，抱怨别人不理解，抱怨领导对自己太苛刻。总之似乎只有这样才能缓解自己内心的恐慌。

好不容易让心情稍微舒服一点了，再看一眼时间，一天又要过去了，工作依然没完成。重新开始烦躁、加班、焦虑，低效率就这样衍生。

你需要管理好自己的情绪，所有的事情按部就班进行，确保每天都能在完成任务之后，再去进行下一项活动。

不要再沉浸在加班中的“自豪”里，不过低效率的人生，也许那时候，你就会真正明白，为什么你卖力加班却依然完不成任务。

问题1.怎样才能有效克服拖延症?

答：市面上有太多针对拖延症的专业书籍，但如果你不能从内心了解拖延症的危害，那么即使你看了再多的书，依然还是会继续拖延。所以，治疗拖延症，不如问一问自己，真的还要这样忙碌生活，却碌碌无为吗？那些耗费时间的事情真的非做不可吗？

只有你从内心想改变，才能马上行动，不再拖延。

问题2.怎样克服焦虑情绪?

答：焦虑这种情绪，从本质上是因为内心对完美的渴望。害怕达不到目标从而产生焦虑的负能量。所以，在制定目标的时候，不要过分完美。对时间的管理上，要学会放松，工作要做，也要休息。

当自己失败的时候，不要灰心丧气，那些付出的时间和努力并不会白费，它们最终都会变成成功的踏脚石。

没有目标才是生活的一剂毒药

如果没有目标，自己就无从知晓过去是否在白忙。

没有目标才是生活的一剂毒药，让我们陷入迷茫，失去工作的动力。

前几日，我接到任务，要去采访一位草根作家，采访地约在了她的书房。采访前我了解到她今年二十六岁，却早已出版了三本长篇小说，其中一部还改成了剧本，被一家知名公司买走了版权，年后就要拍成电影。

若仅仅如此，倒也算不上什么。据闻她的传奇在于，一位医学系毕业生，却找了份会计事务所的工作，然后因为写剧本被大家熟知。

在采访间隙我无意中瞥见她书桌旁边压了一张便笺，上面罗列了几条独家提醒：

每天做十个句子练习，用三个词语变换四个语境，练习情景写作；

新书每日更新三千字，保质保量进行；

每日微博更新三至五条，至少一条原创，保持活跃度；

每周参加一次剧本、写作培训课；

每周阅读一本书籍，观看三部电影，记录精彩台本，分析影片角度拍摄，场景设计；

每周游泳三次，每坐一个小时就起身远眺，拉伸筋骨，保证身体的健康；

不管遇到什么事情，切忌怒火攻心，保持平和心态，才不会因为情绪打乱计划。

……

言语闲聊中她见缝插针做了几个简单的瑜伽动作，而我趁机环顾了她的书房，阳台摆放了一个移动花架，几盆多肉植物在阳光下煞是可爱；桌上井然有序地摆了几本书，隐约能从书缝中看到她用彩笔做的笔记；电脑桌面几个文件夹名称标注很规整，保证一切创作工作都能快速有效进行。

这些小事对我的触动很大，回想起自己这几年的工作状态，心里“咯噔”一下子，惊然发觉自己的工作一直都很混乱无序。

年末的时候，我为了写一份总结报告，做过一份社会调查，整张调查表只有一个问题，却让大多数人面露难色，问题是：“即将过去的这一年，有什么收获吗？”

除了少数的几个说，“结婚了”“当爸爸了”“升职了”，有将近百分之九十的人的答复如出一辙：“没什么收获呀，一没发财，二没升职，能有什么收获啊。”

如果我随口多问一句：“那这一年你主要干了些什么呢？”

这次的答复不一样了。

有的说，“这哪记得清楚，别说一年，就是上个月干的事情，我也忘了。”

有的说，“就天天忙工作那些事呗，老样子，反正一点儿没闲着。”

有个做编辑的姑娘很细心，她说：“我知道自己干了什么，每周一找材料，周二编辑，周三排版校对，周四下午杂志印刷出来后，周五开总结会。然后每周把所有的流程走一遍，每年有五十二周，这个流程如此反复五十二遍，一年就过去了。”

我把调查结果带回办公室，大家帮着一起记录的时候，看着回答问题的陌生人，竟然仿佛看到了自己：“生活仿佛永远在重复，今年在重复着去年，这月重复着上月的事，今天重复着昨天的事，历史的车辙相似却又尴尬地前行！”

但许多时候，我们大多数人的确就是这样过着一成不变的日子。

如果没有升职加薪，有一些别的收获也是可以的，比如旅行，健身，读书。

但办公室问了一圈，得出结论：日子循环往复，每周的任务都很类似，工作虽然都顺利完成，但具体忙了什么，有什么收获，根本说不上来。

我自己也是，想了半天，实在没什么收获，这一年又白忙了。

经常会听到这样的对话，无论在路边还是在饭馆，两人一见面打招呼，一人问另一人："最近干吗呢，忙吗？"

"忙啊，忙死了！"另一人回答，有时甚至还会加上一句："忙得脚不沾地，恨不得不吃不喝不睡觉。"

"那忙出点儿什么？"

对方往往回答："嗨，白忙，没啥收获。"

是的，"白忙"，很多人都在白忙。

什么叫"白忙"？

所谓"白忙"，是指付出了时间和精力却没有得到任何收获。

那大家为什么都在"白忙"呢？

因为没有目标，因为在忙碌中迷失了方向，以至于做了太多无用功。

我读大学的时候，网络文学刚刚兴起，不少中文系的学生在几家文学网站，注册个账号，记录每天的所思所悟，满足内心那点儿虚荣心之外，还能锻炼文笔。

我也毫不例外，注册了近十个账号，几乎把所有的课余时间都奉献给了文学网站，可即使这样，我的帖子依然乏人问津。直到某天论坛的管理员私信告诉我，在专栏写稿最好保持同一种类型，要不然东一榔头西一棒槌，很难积累粉丝。

果不其然，因为自己最初并没有定好方向和目标，到头来白忙了一年。

本来我因为散文刚刚开始被读者熟悉，结果看到别人都在写现代小说，心就痒了，于是弃了散文开始写小说，现代小说刚写了一半，玄幻长篇开始流行，再次弃坑，重新开始写玄幻长篇，却终是坚持不住。

那时有朋友问我："要不要写软文，几个文案就有不错的收入。"

我当时生活压力正大，马上放弃玄幻长篇小说，加入了写软文的行列。软文写了不少，稿费也得了一些，却越来越觉得索然无趣。

就这么蹉跎着，这里付出一部分时间，那里付出一部分精力，一转眼，三百六十五天只剩十几天，看到别人都在总结收获，而自己守着寥寥无几的粉丝，寥寥无几拿得出手的作品，所有的怅惘涌上心头。

这一年又白忙了，其实摆脱白忙，首先需要的是前行的目标。

如果没有目标，自己就无从知晓过去是否在白忙。时间那么有限，我们必须充分利用它。

没有目标才是生活的一剂毒药，让我们陷入迷茫，失去工作的动力。

那么目标如何来制定？我来分享几点经验。

首先，明白自己想要什么。

为了设定目标，无须在意别人的期待。多反思自己，比如"我想要成为一个什么样的人？""对十年后的自己，我能带给她什么？”这些问题能有效对自己定位，了解自己的发展方向。

其次，把目标具体化。

设定具体而实际的目标。这些目标有年度目标，也有周目标。研究表明，把目标具体化，会提升成功几率。

再次，把目标写下来，写得清楚、具体。

这个目标不仅仅是一个抽象的概念，还包括具体想得到的物质和精神回报，以及预计实现目标的日期。并把目标单放在一个自己常看见的位置，让自己时刻保持动力。

最后，对目标进行排序。

根据实际情况，决定哪个目标要先完成，哪个目标需要暂缓实现。我们的精力有限，那么在有限的资源下，如何实现效益最大化，是我们的第一项追求。

希望我们都大步向前，不过没有目标的人生，摆脱白忙陷阱！

提问1.如何监督自己向着目标前进?

答：和别人分享你的目标，说出你的目标，这会让其更利于实现。他人不仅能在精神上给予帮助，还可以给你提供一些经验，并且对你有一定的监督作用。

提问2.目标总难以实现，该不该放弃?

答：无论在生活或工作中，人生总会遇到许多不能如愿的事情，有些事情可能会影响到最初的计划。但不要害怕更改计划和目标，必要时，可以调整目标或者放弃目标。

遇到困难很正常，放弃不能实现的目标，接纳新机遇，美好总是不期而遇。

提问3.当精神倦怠的时候，有什么办法可以重新斗志昂扬？

答：庆祝标志性的成功，庆祝每一次胜利。实现目标是由一次次阶段性成功构成的，有些目标甚至需要很多年才能实现，重视你所投入的时间和精力。用一些有成就感的小仪式，为倦怠的心灵充电。

生活除了加班还有诗与远方

当加班成了一种生活方式，我们的生活仿佛陷入了白忙的窘境。我们需要工作，也要享受生活，奋斗不是生活的目的，只是为了更好的生活。而生活除了加班，还有诗与远方。

我的闺蜜阿雅在微信群里说："我要和我男朋友分手，我再也受不了了！"

事情源自一场加班。阿雅的男朋友去年冬天刚换了一份新工作，一直都特别忙。昨天情人节，又恰逢周末，阿雅就约他一起出门吃饭，然后逛个街看场电影。

阿雅说自己已经有两周没有见过他了。为了这次约会，她从前一天晚上就开始挑衣服、做约会攻略，第二天一大早就起床化妆，满心期待着男朋友来接她，结果从早上一直等到中午11点，还是半点动静都没有。她就给男朋友打了个电话，想问问他是不是堵在了路上，或者是遇到了什么突发事件。

结果，电话打第一遍没人接，连续两三遍后，男友接起来的第一句话就是："单位有事，约会改到晚上吧。"

虽然阿雅很不愿意，但还是顺从的接受了，一个人胡乱地喝了包牛奶，又从中午熬到傍晚六点，重新化了妆，换了衣服，结果却等来男朋友的电话："单位事情走不开，你自己随便吃点，改天再约。"然后就匆匆忙忙地挂断了电话。

阿雅很生气，她说自己也不是无理取闹的人，她能理解恋爱中的两人是独立的个体，也能明白男生所谓的事业为重，可是她实在不能明白，为什么就总是他在加班呢？单位的工作就已经紧急到每天十几个小时都做不完吗？

阿雅说他们的约会爽约已经不是一次两次了，两人在一起三年，之前平均每周见面三四次，周末一起逛街看电影，相处得很是愉快。

半年前男朋友换了一份新工作，人一下子就忙碌了起来，彼此见面的次数锐减，有时候好不容易定下的约会，也可能中途接一个电话，他就匆忙走了。

好几次阿雅因为这个闹别扭，男朋友抱着她，说："亲爱的，我也是想让咱们俩的未来能更好一点，乖，我很快就回来。"

慢慢的阿雅也没了脾气，甚至还开始劝自己不要那么小孩子气，他这样加班也很累，不都是为了两人的未来吗？

道理虽然都知道，但每次遇到男友加班，阿雅心里还是存着一些小纠结。阿雅曾和我说："我都不敢想我俩结婚，我知道我们彼此相爱，可是一想到婚后他可能依然一天十几个小时在单位，我需要他的时候找不到他，那种落差肯定比现在还要大！"

我偷偷反思着自己的工作状态，早上7点，我在上班的路上；中午12点，我在开会的路上；傍晚6点，我在加班的路上；晚上8点，我在查资料的路上；晚上10点，我才在回家的路上……

于是我耽误了和朋友的聚会，和家人的晚餐，甚至父母问我什么时候回家的电话都被我匆忙挂断。

但我真的有这么忙吗？忙得连喝口水，给家里打个电话的空闲都没有吗？我的忙碌又换来了什么？是高额的报酬还是频繁的升职？

似乎都没有，我的忙碌像是一场无意义的白忙，除了消耗掉自己的时间和精力，最后什么都没剩下。

生活中和我一样的人太多，大家把大部分时间都用来工作，加班成了一种常见的生活方式。为了工作疲于奔命，甚至因此压力过大，心神憔悴。生病、抑郁症、猝死等接踵而至。

BBC一项调查总结出，在中国有不少公司每周工作时间是70多个小时，这意味着，如果每周5个工作日，每天要工作14个小时。

正常地说，每周工作40个小时是比较理想的，然而对于正在奋斗中的年轻人来说，加班已经成了生活常态，纵然希望享受一下生活，却又陷于工作无法抽身。最终把自己变成一台工作机器，枯燥而麻木的重复着。

当然也会有人说，为了生活，自己不得不拼命去工作。但是那种用增加时长来换取工作效率的人生，真的是你想过的吗？“白忙”的人生真的不会让你沮丧吗？这样的状态真的无法改变吗？

其实生活中还有比“白忙”更美妙的事！

我们每天都有3个8小时。8小时是工作，8小时是休息，剩下8小时是我们的诗与远方。

虽然工作内的8小时为了我们的生活提供了物质基础，但真正提高我们生活质量的，却是空闲的那8小时时光。我们的健康、人际关系、爱情、爱好、旅行等等，都要在这8小时内去实现。

那么8小时之外，如何过好我们的诗与远方？

来一场说走就走的旅行。

毕淑敏说人生有三样不能省俭：读书、健身和旅行。要了解世界，则必须到远方去。旅行的好处不是去拍一些照片，买一堆工艺品，然后发到朋友圈换了一大片的点赞数。旅行是让我们去看一看不一样的生活，换一种思维方式，让我们的言谈更和暖，目光更老辣，心态更坦然。

培养一个兴趣爱好。

有些事情现在不做，一辈子都不可能再做了。所以，如果内心还有什么小遗憾，想学点儿什么，不妨现在就去做。这样即使孤单一人，爱好也会陪着你，它会让生活多点小惊喜，小确幸。

去旅行，去K歌，去健身、瑜伽、跆拳道，哪怕是去楼下跳广场舞，又有什么问题呢？思考自己感兴趣的事情，去享受，去热爱，去成为一个更美好的人。

无论身处何地，身居何职，不要忘记阅读。

阅读能让生活变得更广阔，那些曾困扰自己很久的问题，不妨去书中寻找答案。生活压力大，工作节奏忙，人际关系难搞……不如静下心去阅读，从书中汲取能量。世界瞬息万变，唯有阅读，才能坚定自己的内心。

学习新技能，提高工作效率。

当我们把大量的时间浪费在加班上，却做不出成绩的时候，也许就需要从自身找原因。是不是工作效率太低？或者是自身技能不够？

与其慌慌张张用无止尽的加班来换取工作带来的安全感，不如沉下心听一听专家的讲座，学习几样新技能，提高工作效率。

运动从来不是在浪费时间。

聪明人做得最正确的一项投资，就是投资自己，这其中又属投资健康最重要。

所以，我希望你无论多忙，都要记得运动，在运动中流的每一滴汗，跑的每一步路，都是对生命的雕刻。

当你在迟暮之年时，你会发现，生命中最值得炫耀的并不是曾经有多高的职位，买了多大的房子，而是当周围人都坐在轮椅上的时候，你还能健步如飞；当别人都陷入疲惫时，你的肩膀依然能扛起所有人的期望。

在工作上多花一秒，在更有意义的事情上就少花了一秒。我们需要工作，也要享受生活，奋斗不是生活的目的，而是为了更好的生活。

毕竟，生活除了加班，还有诗与远方。

问题1.我是如何在奋斗的同时享受生活的?

答：我曾经也是无止境的加班，情绪变得很糟糕，生活毫无幸福感可言。于是我开始反思，人生幸福与否不在于得到多少，而在生活态度。现在的我依然会执着而努力地去工作，但是当我工作累了的时候，我会切换到另一个工作模式，这样会给生活带来很大的趣味。

问题2.生活压力大，所以必须把时间和精力交给工作?

答：当你占用大量的休息时间去工作的时候，往往需要反思是不是自己的工作方法出现了问题？我们追求的成功是提高做事效率，而不是占用休闲时间，打时间战术。

每周工作60个小时的事情，如果你能40个小时完成，那你就已经赚了20个小时，而这些时间足够你去丰富自己的灵魂。

第二章

不要用忙碌来成全你

20多岁的你，为什么那么着急?

我们是这样的急功近利，不知道自己真正想要的是什么，却感觉像被一只无形的皮鞭追赶。

其实成长，真的没有你想象中那样迫切。慢一点，也许不会那么快到达目的地，但我们可以用心规划未来的方向，慢慢感受途中的风景。

昨天接到阿来电话，他要结婚了。我很诧异，上一次见他的时候他还是单身，不过两个月时间，就已经要步入婚姻。

一问之下才知道原委，二十八岁的阿来为了逃避父母的催婚，几乎发动了所有的亲朋好友来为自己牵线。和这位新娘认识不到一个月，几番交流，彼此之间相处也还算和谐，于是一拍即合准备结婚。

“你们之间有爱情吗？”我犹豫再三还是问了出来。

“别那么土了，现在都已经是快节奏生活啦，谁还有时间慢慢恋爱再结婚呀！”阿来说完还送我几声大笑。

“我只是不理解，你为什么要着急结婚呢？”

“年龄到了，再不结婚就真的晚了。”

周一上班，办公室小卢埋头在笔记本上奋笔疾书，我不明所以，走近才知道原来他是在写年中计划。A4那么大的本子上，竟密密麻麻写了一页。

“买一辆车，带父母出国旅行，存款超五万，坚持游泳、健身，拿下监理工程师证书……”

“目标这么多，剩下的半年能实现吗？”

小卢耸耸肩，一脸无奈地解释：“接下来的几个月就是一场恶战，下班学习监理工程师的课程，碎片化时间来健身。当然为了能完成存款，我还找了两份兼职，周末在一家培训机构做老师，日常下班后做了两份家教。”

由于时间安排紧张，小卢常常是这边刚刚结束工作就去了下一家。睡眠不足，导致精力不充足，终于在一次上班路上，因为精神恍惚，发生了车祸。

我去医院看他的时候，他右腿吊着石膏，两眼不离手中的试卷。

让他庆幸的是，家教可以远程教学，进度并不会被耽误。

我劝小卢，累了不妨停下来歇一歇，过犹不及。

小卢睁着被黑眼圈攻陷的双眼，疲倦一笑：“不行呢，大家都在拼命，我若不努力就被淘汰了。”

如今走在路上，吃饭的时候，排队的时候，时常能听到身边的同龄人，刚上班的实习生抱怨：“听说原来同班的某某上个月在北京买房啦”；“发小都已经抱上二孩啦”；“工作什么时候才能熬出头啊”；“房价又涨了，车贷还没还清呢”……

曾经被标榜叛逆的90后一代，终于也要和生活正式交锋了。

以前总觉得结婚、买房、生子都是距离我们很遥远的事情，总觉得自己还是个孩子。可是怎么好好的，周围的人慢慢都开始着急了呢？

明明我们才二十几岁，怎么好像一切都要来不及了？

“房子首付攒够了，还是车买好了？”，“跟你同龄的谁谁去年都自己开公司了，年薪百万”，“赶紧的，再过两年就真的嫁不出去了！”……来自四面八方的声音加深了这种莫名的紧张，走慢了，都算是退步。

我们似乎只有不停地奔跑才算对时间的不浪费。为了能完成梦想，恨不得不眠不休，对生活和未来的恐惧，让我们如履薄冰。

但我依然想说，我们才二十多岁，别急！

现实中，最怕我们把精力分散到各个方面，最后回过神，却发觉什么也没有剩下。

我们所读的励志书里，无一不在告诫我们“出名要趁早”。但是对于怎样才能完成这一目标，并没有标准答案。市场上成功学那么多，但是马云却只有一位。

有个叫“Twenty Something”的演讲里曾描述一个画面，直击人心：“有一天，你会发现身边的人都坐下了，唯有你还站着。”内心只留下一种想哭的孤单和迷茫。

我们是这样的急功近利，却找不到方向和方法塌下心来去实现。我们不知道自己真正想要的是什么，却感觉像被一只无形的皮鞭追赶。

问了身边的朋友，那么着急是为了什么，大家虽然所处领域不同，但答案却很类似，总体说来，概括成“害怕”二字。害怕青春一过，而自己依然未达到自己想要的高度。害怕同学聚会时，自己是最惨的那个。害怕未来被需要的时候，自己担负不起身上的责任。或许，这才是我们为什么焦虑，不敢慢下来的原因。

我们有共同的迷茫，却不知道奋战的方向。其实对于二十多岁的年轻人而言，在人生战场的路上，慢下来，也许会更容易抵达远方。

将全部的精力投入到一份合适的工作。

如果用投入比来计算的话，每个人的精力都是有限的，与其将精力分散，通过做几份兼职来获取更高的报酬。不如全力以赴地去工作。相信我，如果能成为所在行业的顶尖，即使没有实现你的预期，但你最终的收获也并不会少。

其实许多人在选择职业的时候相当随意，或者盲目选择了自己并不擅长的领域。这个时候，你更需要慢下来，慎重思考自己到底适合哪些工作。试着去和行业内人士聊聊天，这不仅是一种放松方式，也是难得的学习机会。

多去尝试一些新鲜事。

不要将自己画地为牢圈在自以为熟悉的领域，人生中你不仅要享受去完成熟悉工作的快感，也要敢于去尝试新鲜。虽然那可能会拖慢你奔跑的脚步，但是会增加你的生活趣味，防止思维方式的僵化。

问一问内心到底想要什么。

别人追逐的财物，真的是你渴望的吗？所有的成功学都要求我们，了解自己的既定目标，熟悉工作与生活的未来方向。但是，你问一个对世界和生活的认识刚刚开始起步的年轻人，他想要什么？这个问题多少年长者都尚且说不明白，更何况刚出象牙塔的年轻人。

二十多岁的我们，更需要的是丰富个人阅历、视野和自我完善。只有看到更大的世界，在自己身上才能发现更多的可能性。

成长是一个小时一个小时熬出来的。

我们拼命的想要更好的生活，想要立即像三四十岁的人那样，车房不缺，事业成功。结婚的、升职的、创业的，大家的脚步似乎都走得很快。但请你别急，时间不会辜负任何一点努力，你想要的最后时间都会给你的。

成长，真的没有你想象中那样迫切。慢一点，也许不会那么快到达目的地，但我们可以用心规划未来的方向，慢慢感受途中的风景。

慢慢来，守得住，出名不用趁早，忠于自己就好。

问题1.慢下来，梦想不能抵达怎么办？

答：慢下来不等于停下来。慢下来是为了更了解自己想要的。所谓的慢下来是指多和自己的内心对话。不因为拼命追逐，而看不到生活中的点滴美好。

问题2.忙碌到没时间不等于你在努力？

答：不要再用忙碌去成全自己，弄错了人生的方向，努力奔跑只能是距离目标越来越远。不要再自欺欺人了，你的忙碌最终只能是感动了自己。

时间上的忙碌并不等于梦想的成功，与其用二十个小时去完成三个目标，不如去将一个目标变得更完美。

你必须给自己留点空白

不要再相信把时间填满才有意义，留出时间来面对真实的自己，只有懂得适当留白的人，才能把生活过得更加饱满。

周末的时候，大学同学佳琪打电话问我，是否有相熟的皮肤科医生，她想咨询一点日常问题。

我俩约了见面时间，虽然毕业后就少有联系，但再见到她的时候，我还是被她的脸惊到了，额头和下巴冒出了不少痘痘，有些已经消下去成了痘印，有些还正在生长，红红的一片。

记忆中的她从未有过皮肤上的苦恼，甚至在别人用一大堆化妆品防晒遮痘印的时候，她竟然顶着一张素颜，傲视群雄。

但这一次，痘痘来势凶猛，完全让她慌了神。

医生在询问了她近期饮食、日常作息之后，发现了问题。

原来她已经持续一个多月的时间，日常工作超13个小时，熬夜到凌晨更是屡见不鲜。加班成了一种常态。

我很诧异，以前我加班的时候，佳琪总是鄙视我："你没有在八小时内完成工作，说明你工作效率低啊！""加班有什么用啊，单位又不给你加钱，你还浪费了生活时间！""你得学会享受生活，八小时工作之外是你丰富自己的最佳时期"。那时候她在体制内上班，工作简单而规律，加班于她而言是一件很稀罕并且难以理解的事情。

几个月前，为了追逐梦想，她辞职到一家大企业上班，然后终于把自己活成了曾经鄙视的模样。

我建议她要多注意休息，生活变规律了，痘痘自然也就消了。

哪知佳琪断然拒绝："下个月就要季末考核了，等忙完这一阵再说吧。"

我身边有好多励志的例子，他们总会在我耳边，不停地喊："快一点，再快一点，来不及了。"加班熬夜对他们来说，再日常不过。

这些人里，有的人成功了，有的人却依然每日奔波，碌碌无为。

我曾经也是加班大军中的一员，微信上总有留言来不及看，邮箱也是一周才清空一次，买来的书来不及看就塞到了书架，但这真的不是懒。

我太忙了，真的很忙，可我在忙什么呢？

从睁开眼睛的瞬间，生活就被大量的信息推着前行，杂事琐事纷至沓来，忙碌逐渐成了我的一种生活状态。我习惯了让这些纷乱的信息占据我的精力，并在处理这些信息的过程中，获得满足感。

每天工作任务做完，办公室电脑一关，窗帘拉上，门一锁，再低头看看手腕的表，十一点。回到租房已是身心俱疲，超额的工作开始腐蚀我逐渐麻木的身体和灵魂。

起初信心满满，热血沸腾，天天喊着要燃烧自己，仿佛精力就是深海里的水，挤挤就有。可惜到后来，已是力不从心。连续工作后，脑子里只渴望家里那张大床，只盼着睡觉那段时间，甚至连周总结都不想去做。

据说，当一项任务完成，大脑会分泌多巴胺，使人获得快感。同时，也会大量挥发荷尔蒙，掏空我们的身体，最终精疲力竭。

这就意味着，我们在完成一项任务后，需要短暂的休息时间，给大脑留一点空白，为下一次多巴胺的释放做缓冲。

十几个朋友找我抱怨："为什么我已经这么努力，却根本没忙出成绩来呀？"

我一般都会建议他们试一试"5小时原则"。

所谓5小时原则，来源于班杰明·富兰克林。无论工作多忙，富兰克林都强制自己在每周的工作日里，留出一个小时去阅读，做一些自己喜爱的事情。累积下来，每周就有五小时去做自己。富兰克林的这项习惯，便被称为"富兰克林的5小时原则"。

最终，恰是这5个小时，成就了富兰克林。大概在这5个小时里，他可以自省、沉淀，做最高效的努力。

即使在微软公司发展最迅猛的时期，比尔·盖茨依然坚持每年留出一周的空白时间，不处理任何公务，只是来阅读，自省，总结过往，勾画未来。

“5小时原则”的关键，就是给自己的生命做一处留白，这不是退步，而是为了下一次的腾飞做准备！

留白不是让你停下来，而是为下一段奔跑积攒势能。否则你可能陷入“白忙”陷阱，那些所谓的努力，也只是看上去很美而已！

给生命留点空白大概需要四个步骤：

第一，将时间打散，以小时为单位制订计划。

最合理的工作时间是60分钟，然后休息5分钟，才能继续保持高效率的思考。同时按小时计划，还能让任务更加简化明确。

第二，认真休息。

研究发现，认真休息后再进行工作，反而比休息时还在工作的人效率更高。离开手机、电脑是休息，聊天看书也是休息。即使工作再忙，也要试着将工作邮件和电话从大脑清空，不要耽误你的休息时间。

第三，高效工作，尊重时间。

分段制订计划原则是为了让我们在段时间内，完成工作，依次换来可供自由支配的时间。如果在该段时间里，摸摸手机，翻翻微博则失去了分段意义。

第四，把所有的事情压缩。

即使分段时间完成得再好，你也需要在计划中预留出自己的空白时间，这样做一方面可以应对突发状况，另一方面也是有效给自己留出空白的方法。

总之，不要再相信把时间填满才有意义，留出时间来面对真实的自己，只有懂得适当留白的人，才能把生活过得更加饱满。

问题1.每周给自己预留出多少的空白时间最合适?

答：不管你是每天花2个小时，还是每年花2个星期，或者甚至只是每天早上花5分钟，这些都不重要，重要的是你要创造一个空间，让自己从忙碌的生活中抽身退出，站在旁观者的角度，自省思考。

问题2.空白时间做什么才能将它的效果运用到极致?

答：5小时原则的核心理念在于给自己创造一个留白空间。

至于具体用这段留白的时间做什么，不同的人可以根据自己的需求尝试不同的方案。在每天空白的时间里，你可以进行阅读、与人交谈、参与策划、上课、观察他人等活动。

当然，你还可以利用这段空闲尝试一些有巨大潜在回报的小实践。

工作60分钟，休息5分钟

为什么我们总是陷入无效的忙碌和纠结？其实，与其低效率的工作60分钟，不如去休息5分钟。

想要追剧，但是报表还没整理完；想要看书，翻了10页后，就丢在一边，继续心神不宁的查资料；想要健身，最后还是选择了加班……这种情形，你觉得熟悉吗？

想要过更丰富的人生，但似乎永远没有时间。为什么我们总是陷入无止境地忙碌和纠结当中？生活似乎永远是疲惫而乏味的状态。无须自责，因为这其实是我们的通病。

当我们以110里的速度狂飙的时候，没有人想再慢下来。

当感觉自己的状态特别好，做事效率高，半点儿不会分心，所有的任务都顺利搞定的时候，是没有人想停下来休息的，甚至渴望延续这种状态把明天、下周的任务提前完成。

这其中大部分原因是害怕休息后，就失去了原本的精神头，找不回状态了。

事实却恰恰相反，研究表明：随着工作时间逐渐拉长，大脑开始缺氧，思维的齿轮转动变缓，注意力也将变得不再集中，工作的效率呈倍数递减。

也就是说，不管我们多么享受这种忙碌而顺利的状态，大脑的疲劳感始终无可避免。甚至会利用打哈欠、打盹儿、或者是分心等小动作，让我们的效率降低，开始低速度工作。

大脑的疲劳感虽然无可避免，但用对了方法，却可以减轻。比如休息5分钟，就能帮助大脑提高注意力和思维灵敏度，增强自我控制力和决策力。

在工作60分钟后，虽然我们只是站起来在窗边走一走，喝一杯咖啡，放空大脑。但此后，依然会感觉到不可思议的精力充沛。

这个规律我是在工作一年后才发现的。那时候我的生活除了工作，再无其他，我迫不及待地想向所有人证明自己的能力。

斤斤计较每一分钟，除了必要的吃饭和睡眠，恨不得每一秒都奋战在工作一线。直到年底的时候做工作总结，我惊然发觉自己一年以来，并没有什么了不得的成就，生活也变得一团混乱，整个人的精神状态也很疲倦，对此我也感到很羞愧。

其实当自己超额工作时，多出来的时间都是从其他地方挤出来的，甚至还会因此放弃那些能让自己充电的事情，比如阅读、健身、听音乐。

当我们放弃这些能令人重振精神的事情时，其实就是在进行一场必输的战争，并且毫无斗志、压力过大、最终效率更低。

而长时间的工作后，我们最需要做的一件事情就是适当缓冲，后退一步。

这样做会让自己满血复活，更有效率，更专注的投入工作，不再低效率的重复。

当工作开始走神的时候，休息5分钟吧。5分钟不仅能够改善身体健康，缓解眼睛酸疼，还能有效缓解焦虑情绪，提升人的记忆力、专注力和创造力。

大脑在长时间处理一项任务时，很容易感觉到疲惫，思维陷入死胡同，纠缠细枝末节。而在经过短暂的休息后，整个思维豁然开朗，创意点子春笋般冒出。

所以，无须再问工作60分钟后休息5分钟是否值得，我们更应该学会怎样在5分钟里，满血复活。

认真伸一个懒腰。

人在伸懒腰的过程中，会增加对心、肺的挤压，促进全身的血液循环，呼吸之间，增加全身的供氧量。同时还有助于全身筋骨的收缩和呼吸的加深。伸懒腰时，尽可能拉动身体的全部筋骨，并来一次长呼吸。仅仅30秒，就能感觉到清新和舒适。

吃点健康零食。

有一些企业甚至还设立了茶水间和下午茶时间，在繁忙的工作后，两餐之间，吃点健康零食不仅能放松身心，还能补充消耗的能量。这些零食不能是瓜子、辣鸭脖这样重口味的，相反酸奶、水果、坚果是很好的选择。比如喝点绿茶、吃根巧克力棒，冲一勺蜂蜜。不仅补充能量，还能起到很大的放松功效，改善情绪，令人内心舒缓。

独处、发呆5分钟。

发呆是最简单的减压方式，心无杂念的时候，大脑中的α脑电波得到加强。这种特殊的脑电波可以抑制信息超载，让注意力和意念更加集中，从而改善情绪，减轻压力，缓解焦虑不安，还能加强记忆力。

放松身体，也要放飞心灵。

听一首你最喜欢的歌曲、自己动手做头部按摩、和朋友分享一件趣事，任何形式的欢笑，都能降低体内的压力激素，让急速旋转的大脑迅速冷静下来。

每个人对更好生活的向往，都会鞭策他不断向前，想要更高的收入，更高的职位，更贴心的朋友，想要名利双收，想要的太多，但得到似乎越来越难。

不如让身体和灵魂都停下来休息，哪怕只是一盏茶的时间。

时间不会辜负任何一份努力，只要有正确方法，你想要的最终会穿越时光隧道，送给你。

问题：还在害怕休息后，找不回高效的状态？

答：无论你是否感觉的到，当你连续工作一个小时后，注意力和决策力都在下降。此时你所谓的高效，不过是一场自欺欺人。

这种条件下的高效，已经不值得留恋。相反，有时候大部分令人拍案叫绝的创意，都是在绞尽脑汁后的休息时间里，主动迸发出来的，这就是智慧的火花，它厚爱任何一个敏锐的大脑，而不是呆滞的灵魂。

用对了方法，就减少了无用功

物理学上解释“无用功”，是指没有用的，但是不得不做的功。有些事情虽然必须为之付出努力，但注定是无用的。职场上其实也存在“无用功”现象，但有些无用功，只要用对了方法，就可以避免。

你是不是拼命考了一堆证，就业时却发现一个都用不上？

你和身边的同学、朋友一样努力，却不如对方发展好？

你知道不同的企业都想要哪种人才吗？

你努力的方向真的会让你更有发展吗？

这个时代，比努力更重要的，是你选择的方向。毕竟，一张错误的藏宝地图，会让你全部的努力白费，甚至越努力，越失败。

职场上同样如此，许多人兢兢业业在一个职位上努力了多年，最后却被一位新人取代。愤愤不平肯定是有的，但更需要反思自己是不是一直在做“职场无用功”。

我们在感叹自己也曾付出百分百努力，但结果依然不尽如人意的时候，其实是因为，绝大程度上，我们并不会工作。

我们把大部分的精力消磨在无用的事情上，比如重复做一份报告；研究不会通过的课题；开没有任何结论的会议；找永远不会成为客户的人沟通……

时间长了，难免心生抱怨：为什么自己用尽了洪荒之力，把全部的时间和精力奉献给了工作，但是升职加薪的不是自己，受到表扬的不是自己，奖励旅游的不是自己……

甚至可能还会偷偷怀疑，是不是领导和自己性格不合，故意压制自己，最后得出结论：“这家公司实在没有容人之量，离开才不会埋没自己的才华！”于是满腹怨怼地辞职。

绝大多数的人并没有想过，做了并不等于有用这件事。

物理学上解释“无用功”，是指没有用的，但是不得不做的功。有些事情虽然必须为之付出努力，但注定是无用的。职场上其实也存在“无用功”现象，但有些无用功，只要用对了方法，就可以避免。

曾经有实习生问我：“这次晨会又被批评了，但我每次根本弄不明白领导布置的任务是什么，怎么办？”

答案只有三个字：“问清楚。”

职场新人有一个最大的误解，就是把领导布置任务当成“自上而下”的老师考学生。于是遇到自己根本不懂的，也不好意思问，怕给领导留下自己不肯动脑筋思考，工作能力低的坏印象。导致有些事情从最初的准备上就出现了偏差，最后努力付出了，结果却并不尽如人意。

事实上，领导布置任务，是一个“自上而下，再自下而上”的反复沟通过程。

职场上有70%的时间用在各种沟通上，只有不足30%才用来完成工作。但是即便如此，造成群体工作效率偏低的第一大原因，依然是沟通不良。

拒绝职场无用功的第一个方法就是，学会问领导问题。

在这之前，我们必须了解什么是领导思维和员工思维。例如常见的，当领导说：“你和客户联系一下本月的广告投放。”

但当领导询问事情进展时，如果你只是回答“本月客户不来投放广告了。”当领导询问本月广告有哪个客户来填补空白时，你尴尬地沉默，甚至心里愤愤不平地抱怨：“你并没有交代我去联系别的商家呀！”但无可否认，你已经在职场竞争中，失去了一次宝贵的升职加薪机会。

领导认为自己已经将所有工作交代清楚，但员工却苦恼自己明明完成了他布置的任务，为什么却依然被批评。

举一个现实中的例子，当经理让厨师买土豆的时候，平庸的厨师只是买回了土豆，却在被经理问市场番茄的价格时，尴尬地沉默了。而一名优秀的厨师，不仅仅会买回来土豆，他还会留意好厨房有哪些蔬菜需要补给，市场上哪些蔬菜价格合理，哪些可以在今日多采购，哪些可以少预定。

这就是优秀者和平庸者之间的区别。

领导者在布置一项任务后，希望员工有一个发散思维，“打酱油而知道醋的价格”。但员工的思维就像一名合格的枪手，指哪打哪，坚决不肯再看别处一眼。

于是在领导问第二个问题时，平庸者需要重新走一遍过程，那些重复的时间和精力就被浪费了。

找上司沟通时，让他做选择题，而不是简答题。

同样是面对工厂临时生变，产品延迟。一种员工吓坏了，急匆匆跑去问老板：“工厂出现意外，产品不能按时供应，老板怎么办？”

另一种员工则快速想出备选方案，问老板：“工厂出现意外，第一，我们可以继续等待这批货，但是得降低成本，后期以促销的形式来销售。第二种，放弃这家工厂，选择另两家备选工厂，他们的优劣分别是……”

如果你是老板，是不是觉得第二种员工的方案更能快速解决问题。

请记住，遇到问题，你需要带着几个备选方案，请上司选。封闭式问题会比开放式问题省时间得多。

重复化的工作，请让他自动化。

一周前，我花费40分钟的时间，做了一个自媒体运营活动的模板，以前我通常需要三个小时来完成的任务，现在往往不到一个小时就能搞定了。

因为每当我做的东西反复超过三遍的时候，我就会反思是不是能找到一个程序或者做一个模板来替我做事。

当然，不是每个人都是程序员，但有时候我们可以通过购买服务，代替自己完成。

绝大多数人都会忘记时间就是金钱，并且许多人也更擅长从重复完成一件事情中获得快感。殊不知，这样简单的重复，同样是在做无用功。

对未来有一个清晰的规划。

看到别人考证，自己也买书学习。听说自媒体运营是新方向，于是费心向行业大牛讨教各种新媒体运营技巧。同学创业成功，于是自己也跃跃欲试，准备做一名创客。

三四个月后，别人还在创业路上坚持，继续在题海中挣扎，没日没夜做内容。而你已经放弃，你说这些并不是自己的兴趣，做起来太难熬了。

那么为什么不在最初就对自己的未来有一个清晰的规划呢？

指定未来发展方向，了解在这条路上怎样才能走得更远，而后一步步奋斗。

何必最初追在别人后面奔跑，浪费了自己的年华青春。

来一场由内而外的职场整理。

有时候工作乱糟糟一团，理不清哪些是有用功，哪些又是无用功？

你之所以出现这样的状态，绝大部分原因是因为，你没有学会职场整理术。上班族为什么要学整理，不仅仅是为了干净，更是为了提高工作效率。

你是不是经常花很多时间找东西；常常忘记重要的事情，造成一些失误；电脑上同时开着多项工作，又不知道先做什么；任务一项又一项积累，经常喊着“忙死了”，但毫无进展？

那边老板说：“把上周汇报的那个PPT发我一下，我急用。”

这边你头脑呆滞地想：“那份文件存了什么名字？在电脑哪个盘里？”一通乱找。

主任说：“整理一份上午的会议记录打印放到我办公桌上。”

而你的脑子一片混乱，从流程细节，下周计划到客户要求，那么多散乱的点，都需要重新列重点，时间就那样悄然飞逝，该做的事情依然毫无进展。

其实这是因为你不懂整理术，于是文档乱、桌面乱、思绪乱。这种从表象延续到实质的混乱，延长了工作时间，降低了工作效率。

所以，你必须来一场由内而外的职场整理，让你的工作效率飙升，头脑清晰，目标有序。告别混乱的职场状态。

最后我想说，千万不要觉得有付出就应该有回报，不要埋怨为什么自己付出了50% 却得到0%的收获。毕竟有些忙碌，只是做了无用功，丝毫没有创造价值。

问题1.工作有太多不满意？努力却得不到回报很沮丧？

答：负能量是职场病毒，与其浪费时间抱怨，不如负重前行。

职场上有一些人，他们每天最大的乐趣就是抱怨，找茬。抱怨同事奇葩，抱怨制度不合理，抱怨福利太差。这种人无事的时候常常精力百倍，各种职场秘密都能挖出来，无所不能。若真有什么事情要处理，他们一定没有时间。

抱怨带来的负能量，让他们根本不能再次专注去完成一件事情，最后只是徒劳的浪费时间。与其抱怨，不如负重前行，抛掉不必要的无用功，光亮就在前方。

问题2.职场菜鸟怎样找对工作方法，做到事半功倍？

答：职场菜鸟虽然自身没有更多的工作经验，但身边却有无数本移动的职场宝典，也就是职场前辈。

谦虚谨慎是菜鸟的工作态度，细心是菜鸟的手段，总结是菜鸟的升职利器。日常中多和优秀的前辈交流，多观察优秀者是怎样完成工作的，躬身自省，菜鸟终会变成老鸟。

不要用别人的标准来衡量自己

从那些光鲜，那些挑衅的眼神，那些或好或坏的评价中突围出来。把聚光灯移到自己的内心，凝聚在自己身上，切切实实地关注自己，尊重自己真实的感受，而不是关注别人眼里的自己。别人的标准并不是你的人生，过好自己，做一个自己喜欢的人，才是人生幸福。

我身边又有一位姑娘做了微整形，额头变得更加饱满，鼻子更挺直，下巴也变得玲珑小巧。甚至常年冒着痘痘的脸，都变得透亮白皙。

我这边啧啧称叹，姑娘也一边和我细数，鼻子打了两针玻尿酸，下巴和额头也没落下。还没等完全恢复，又做了双眼皮，打了水光针、美白针。一通折腾下来，花了上万元不提，罪也没少受。

她很开心地告诉我："变漂亮后，去买一份麻辣烫都能获得老板的赠品呢。"

吃饭的时候，她吃得很少，几片蔬菜沙拉，半碗小米粥，然后就放下了筷子。

我更为惊叹了，记忆里她是一位称职的"吃货"，哪的麻辣小龙虾最地道，哪家的面条最爽口，哪条巷子里的火锅最正宗……只要问她，都能快速得到回答。

她甚至放出“唯美食与旅行不可辜负，二者选其一，美食最甚！”的宣言。

但就是这样的一位姑娘，竟然对食物失去了兴趣？

谁知我刚问出口，就见她笑得尴尬：“其实我也很想吃的，但我打的一些美容针对许多食物过敏，加上为了减肥，只能眼巴巴看着别人吃。”

我问她值得吗？

她说：“没办法啊，我不想让别人在背后说我丑、胖，我要变成他们眼里的焦点，让所有人都喜欢我。”

“那你自己呢，你喜欢自己吗？”

小时候，妈妈经常说：“你这样不听话，老师是不会喜欢你的；你这样顽劣，小朋友是不会喜欢你的；没有礼貌，别人是不会喜欢你的。”

我们在这样的环境下长大，努力取得好成绩，让家长开心，老师欢喜，朋友喜欢，亲戚称赞。

我们一直在努力成长为别人喜欢的样子，却忘了问一问，为什么不做一个被自己喜欢的人呢？

事实上，只有你对自己满意，浑身散发着积极的正能量，别人才会被你的气场吸引。

我大学舍友韩冰，能歌善舞，长得也很不错，毕业后在一所中学当老师。身边有几个男生喜欢她。但是前段时间，因为熬夜加班，脸上冒出了几颗雀斑，且一直都消不下去。别人觉得没什么，毕竟真的并不影响。

但她却很在意，走路总是低着头，与人交流也是躲躲闪闪，人变得越来越自卑。年末的时候，年级安排她去台上表演，她找到主任，说："别让我上台了吧，我这一脸的雀斑，实在难以见人。"

主任看看她额头上那仅有的三两颗暗印，又看看她泫然欲泪的双眼，最终还是同意了。

但从那以后，她总觉得自己雀斑越来越多，性格变得内向了许多，脾气也古怪了起来。原本喜欢她的男生，也逐渐远离了她。

我们为什么总要用别人的标准来定义自己？

谁说脸上多几粒雀斑就不能见人，只要自信，雀斑也可以很可爱。

因为怕被冷落，被忽略，被嫌弃，也害怕别人的嘲讽。于是，想花光平生所有的力气去扼制住别人的喉舌，时常徘徊在自身的感觉和别人的看法之中。为了取悦别人，把"自己"狠狠地摔在地上，自顾自地先踩了起来，那些独有的个性，像雕琢玉器一般被自己数次打磨得丝毫不见痕迹。

其实生活中有太多的例子证明，当一个人时刻用别人的标准来衡量自己的时候，总会迷失自己，在错误的方向越行越远。

所以，从今天开始活成自己想要的样子，成为自己喜欢的人，特立独行不随波逐流。不要用别人的标准来定义你的人生。那么我们应该怎么做呢？

学会爱自己。

做一个自己喜欢的女子吧。独立而强大，温暖而朴实，智慧而内敛。你可以喝一杯茶，看一本书；可以煮一杯咖啡，聊一会儿论坛；可以去旅行，放肆去嗨。总之，做一切你喜欢的事情，做一个被自己喜欢的姑娘。只要是你自己喜欢的样子，那么一切都好。

学着丰富自己。

多读一些书，走一些路，看一些人，当你见识足够多的时候，那些缠绕周身的困惑、自卑都将如晨光笼罩薄雾一样，一点点消散。

学着坚实自己。

给自己一个可以为之奋斗5年、10年甚至更久的目标。一个清晰的目标就像黑暗中的光亮，让你的所有成长都向着那个方向，一点点前进。向着光亮那方，才能构建自己的核心竞争力，在未来的路上，所向披靡。

从那些光鲜、挑衅的眼神，那些或好或坏的评价中突围出来。把聚光灯移到自己的内心，凝聚在自己身上，切切实实地关注自己，尊重自己真实的感受，而不是关注别人眼里的自己。

别人的标准并不是你的人生，过好自己，做一个自己喜欢的人，才是人生幸福。

问题：“不用别人的标准衡量自己”和“多听他人的意见”

不矛盾吗？

答：的确有许多人反驳我，人生怎么可能不在乎别人的眼光？那样生活得也太自我。但其实并非如此，不用别人的标准衡量自己，只是让你更了解自己，去过自己想过的人生，而不是在别人的评价里郁郁寡欢。

生活中，大家都是独立个体，会有能力的差异，也会有梦想的不同，接受别人善意的建议，吸收好的经验，向未来奔跑。而不是在别人的眼光中，走别人为你画的路。

明知道无用，为什么还在坚持

坚持要认清两点：坚持的目标是什么？坚持的节点是什么？

“这件事我坚持不下去了”

“我都不知道为什么要这么坚持”

“你说坚持这件事有意义吗？”

每天我都能收到读者在后台的留言，仿佛大家都在一个现实的世界中迷了路，做着自己也并不知道是否有意义的事情，却还在不停的坚持。

我是在做一档“高考直通车”的节目时认识的洛可可，她是一名宁夏的美术生，没到过北京，没有一整套的油彩笔，没有一个真正的画架，但是她却想考北京一流大学的美术系。

所有的朋友和同学，都在嘲笑她是痴人说梦，一个连整套油彩笔都买不起的人，又怎么可能在艺术这条路上狂奔。

后来，她以专业课第一的成绩考上了中央美院，那一刻周围人相信了坚持的意义。生活中那么多的奇迹，其实只是因为坚持。若是当初在别人的质疑声中，她有一点退缩，成功就不会光临。

我从来都相信坚持的力量，哪怕最后坚持的结果并不是成功，但我相信，这份坚持会有让人走过生命最黑暗时光的力量。

要知道，坚持不一定成功，但不坚持一定不会成功！

周围的人，无论什么年龄，职业，职位，似乎都曾感觉到迷茫。面对社会上越来越多的选择，大家越来越浮躁，一件事情只是做了个开头，仅仅拿出1分的付出，没得到10分的回报，就自怨自艾地放弃。总觉得干不成这个，还可以选择别的。结果兜兜转转一圈，忙忙碌碌也没什么收获。

所有的坚持要认清两点：坚持的目标是什么？坚持的节点是什么？

在坚持之前，你有没有想过自己到底为什么要“坚持”？对这件事情的坚持能不能给自己带来快感，坚持到什么时候才算成功？继续、停止、掉头本身有明显的界线么？

一件事情很难坚持一辈子，所以我们必须了解自己的节点和终点在哪里，有些路虽然我们不能选择，但是这条路的终点在哪里？我们可以在哪个阶段停下来休息？这些问题却可以自己选择。

我们最后会走到哪里？遇见哪些人？会有哪些结果？谁都不知道。但可以肯定的是，如果在还没来得及开始前就选择放弃，那么或许一辈子都看不到所谓的终点。

有时候，如果不能坚持再努力一下，或许一辈子我们都是最平凡的模样。

坚持的意义大概就是让我们变成更好的模样。

我们都知道坚持的重要性，但是却依然很难做到。总有人在最初的时候热血澎湃之后，过不了多久就偃旗息鼓，然后人生中又多了一件半途而废的事。

那么，怎么才能保证把一件事坚持做下去呢？

坚持这件事儿，看似很难，其实也有一定的方法，自律加上有效的方法，绝对能让你在坚持这条路上走得更远更轻松。

制订一个合理的计划。

无论我们正在做的事情有多么平凡，只要给它足够的时间，未来这份平凡都会在坚持的作用下，变得不平凡。但是我们总得有一份计划，对要做的事情做一个合理的安排。毕竟时间有限，我们不可能去做任何想做的事情。有所取舍才是能坚持到最后的另一个关键。

经过取舍后，把这件事情归纳到每日计划中，给它留出固定的时间，比如要健身，选择在晚上下班之后，保证这段时间是永远有空的，不会被其他的事情挤占。

这样做的意义在于，每天的这个时间不会有其他必须要做的事情，那么这件事情就很容易坚持。

比如我每天晚上睡觉前会有一个小时的读书时间，在这段时间，我做完了一天中所需要做的所有事情，于是在洗漱后，可以放松神经，用一本书打发睡前的无聊时光。久而久之变成了习惯，读书自然而然地就坚持了下来。

让身边人觉得这件事很重要。

坚持有时候还需要周围人的帮助，或者是一种鼓励，或者是一种监督。无论哪一种，前提是让他们认识到这件事情的重要性。

我从来不会在本应该做某件事情的时间里，因为别人的突然邀请，说“今天就放弃一天吧”，因为只有自己从内心认定这件事情很重要，才不会为了突然的邀约放弃它。一般情况下我都是对他们说，我必须要做某件事情了。长期下来，朋友也会知道这段时间是不能被打扰的，无论是为了聚会还是逛街，都不会在这段时间找我。。

经常给自己打打鸡血。

每个人都会有疲倦的时候，没有一点儿动力。这时候就需要看一些励志的东西，比如鸡汤文、励志电影，听一首昂扬的歌，总之用鼓励唤醒沉睡的激情！人有了动力，在精神饱满的状态下，坚持就变得没那么困难。

把坚持变成一种习惯。

若想长期坚持一件事，最好的方法就是把它变成一种习惯。

就好像饭前洗手睡前刷牙一样，因为我们从小到大做了几十年，它们已经成了身体的一种本能习惯，不需要任何提醒，身体都会自动去做。

所以，如果你想坚持做点什么，比如写作，读书，或者健身，在前期的时候，把这些事情的时间固定化。在相同的时间去做这件事情，时间久了，就会给身体留下印象，到了那个时间，所有的事情都会给它让步。

很多时候，当一件事变成了习惯，坚持自然就成功了。

有时候，明知道无用却还在坚持，只因为余生那么长，不坚持走下去，永远不知道下一个拐角是棒棒糖还是棍棒，只能前行。

问题：明知道无用，却还在坚持，难道不是对时间和精力的浪费吗？

答：时间从来都是最公平的，汗水流在哪，哪就会开出美丽的花。

当一件事情，你看不到结果的时候，不妨多给自己一点时间，继续坚持一下，不辜负前面的努力，也不放弃未来的结果。有时候，你感觉特别累，只是因为这一次的结果特别大。

确定自己想做的事情和想达成的结果，然后坚定不移地沿着方向走下去，要相信所有的坚持都是有意义的，那些感觉无用的事，一定在下一站开满了花。

停下来是为了更好地前行

风口浪尖，急流勇退，有时候也是一种人生智慧。清醒地知道自己要什么，暂时停下来，也是为了下一步更好的出发。

在这个竞争愈演愈烈的社会，鲜少有人不会被替代。大家在这个风口浪尖上颠沛流离，拼了命地向前游。谁都想站在时代的船头，做一名掌舵者，感受一下时代弄潮儿的风采。

这仿佛成了一种本能，从一出生开始，我们就在拼命地奔跑，我们信奉“生命不止，永不止息”的人生信条。

“往上、往上、再往上”，从小到大，周围人不停地告诉自己，我们还可以更好一点，再好一点，似乎一直往上爬，才是人生的全部秘密。

我们习惯了和所有的人比较，永远在羡慕那些比我们要好的。而别人也在不断地羡慕我们。我们对“往上爬”的模样屡见不鲜，习以为常。所以才会在胡歌放出消息说自己要暂别娱乐圈的时候惊叹关注。

我们赞叹胡歌在命运捉弄下不屈服的勇气，同时也感叹他在浪潮之巅选择急流勇退的智慧。那些别人眼中的功成名就，荣耀鲜花掌声，他却在拥有之后，推出了怀抱。这实在与日日捞金不知疲惫的鲜肉们截然不同，与社会赋予我们的价值观严重相悖。

“我想只有在无知的年代里，人才会沉醉于瞬间的华彩，因为智慧的光芒往往是持续而朴素的。如果我能够有机会踏踏实实地学习、沉淀，我愿意放下眼前的所有。”胡歌这么说，也的确这么做了。

他曾经浴火重生，在不少人叹息他失去了俊朗外表，感叹天妒英才的时候，却用另一种形式的语言和炉火纯青的演技，再次霸占别人的视线。2016年，这是胡歌的又一个巅峰年，他的片酬、代言费水涨船高，他成了最炙手可热的男演员。

然而正是这个时刻，胡歌却突然宣布，2017年他不会再有新的作品，这一年他的精力将放在学习上。在众人的愕然中，他重回校园。其实这才是他大智慧的表现，相比那些汲汲营营，他只是更忠于自己的内心。在众人还沉迷于功名尘土，他却已经看破人生潮起潮落，不过戏梦一场。

重要的是，他比谁都更懂得“人有不为也，而后可以有为。”他明白，往上爬是永无止境，退一步才能更好地砥砺前行。

风口浪尖，急流勇退，有时候也是一种人生智慧。清醒地知道自己要什么，暂时停下来，也是为了下一步更好的出发。

我舅舅家的小表姐从小到大都是所有人眼中的焦点，考研、读博、出国留学，一路顺风顺水，在她读博第二年，收到了美国硅谷巨头公司的邀请，年薪数字令我们同龄人咋舌。

就在我们所有人都以为她会选择留在美国，闯进大硅谷、当上总经理、出任CEO、走上人生巅峰的时候，她却轻描淡写放弃了所有的offer，拎着行李箱，直接飞回国内，在当地一所大学当了一名教师。

所有人都认为她在胡闹，甚至家中亲友一天给她打十几个电话，想让她回心转意。

她却说："我就想安安静静搞学术而已，我这个研究领域，国外并没有做得比国内更好，为公司卖命的日子，我可不想过。"

"知道自己要什么"，这便是急流勇退的底气和勇气。这时候激流勇退不是真正的退，而是更明智的进。退的是江湖之潮，进的是本心之浪。

你以为我在退，其实我已经在自己人生的轨迹上渐行渐远。

现在这个姐姐早已专利无数，国内外奖金拿到手软。不仅可以一边搞学术一边陪家人，还收获了自己的Mr.right，绝对大写的人生赢家。

其实我们普通人也是如此，有时候看似后退，其实正是为了下一次的前进。看似停下来，其实是为了冲锋积蓄力量。

但并不是谁都有急流勇退的勇气，不是谁都有在花团锦簇的春天停下脚步休息的洒脱。于是为了追逐名利，沉迷其中，最后却可能无功而返。毕竟并不是所有人都能在停下来后，闲庭信步，欣赏云卷云舒的。

那么，生活中我们更应该如何看待"停下来"呢？停下来后又该做些什么呢？

培养一个长久的爱好。

停下来不可怕，可怕的是停下来后，孤独随之而来。

为什么那么多人，从来不敢停下追逐的脚步，真的是为了金钱和权势吗？很大程度是因为这些背后所带来的繁华。当一个人习惯了众人景仰的目光；习惯了出入豪车接送；发一条不足十个字的说说，就能获得上千人点赞的热闹，自然会害怕停下后的孤独。

所以，不妨给自己培养一个长久的爱好，可以是养草弄花，也可以是爬山垂钓。只要在这件事中，能让你重新获得成就感，让你的独处不孤单，把曾经投注在不必要的事情上的精力收回。有时候停下来反而是更好的增值期。

去旅行，去读书，去充实自己。

有时候，远离反而是一种回归。这就是我说的去旅行、读书的意义。那些曾让你困惑的事情，在书中总有答案。曾让自己难以忘怀的事情，竟在一次次逃离中，拨开浓雾看清了真相。

旅行、读书，他们都丰富我们的生命，开阔了我们的视野。用旅行和读书去充实自己吧，

整理房间，整理书柜等。

其实有时候，并不是所有人都有机会能给自己一个漫长的假期，来一场与心灵的对话的。我们大多数人也只是在下班后的几个小时里，有一个短暂的休息，然后继续前行。但是仅仅这几个小时，也可以让自己停下来，为下一次的前行积蓄力量。比如整理房间、书柜等。

整理是一件能让自己精神完全放松的事情，更重要的是，

整理是一种心与心对话的方式。在整理中，了解什么是自己想要的，什么是已经被抛弃的，然后向着正确的方向轻松前进！

问题1.怎样看暂时的“停下来”和永久的“停下来”？

答：停下来才是人生大智慧！短暂和永久二者的区别，本质在于你的选择。在停下来的时间里，积蓄自己的能量，让自己实现增值，那么又怎么会永远停下来？

问题2.停下来是不是对困难和挫折的屈服？

答：恰好相反，停下来正是为了能够更好的面对困难和挫折。任何人走得太快，都可能会忘记自己的初心，只想追求别人眼中的辉煌，忘记了当初渴望的那份纯粹温暖。所有适当的停下来反而有助于面对困难和挫折。

你不是非忙不可，你只是缺乏专注

你不是缺少计划，也不是缺少执行力，而是缺少专注的能力。别再用忙碌去成全自己，毕竟这世界上所有的美好，都源于专注。

“许多的电话在响，许多的事要备忘，许多的门与抽屉开了又关关了又开，如此地慌张。忙是为了自己的理想，还是为了不让别人失望。”

同学聚会的时候，班长柴珊抱着话筒，大声吼着李宗盛的这首《忙与盲》，仿佛只有这样才能把心里的烦躁抒发出来。

柴珊在一家百强企业上班，工作六年，除了刚上班那两年升了职，接下来的四年，柴珊一直守着总经理助理的职位稳若磐石。

前几天总经理升职调走，大家心照不宣地等着柴珊升职上任。但最后却是从总部调来一位同事接替了总经理的职务。我们知道柴珊迷茫、焦虑，却又无可奈何。

其实自工作以后，柴珊就很努力，每天同时做着许多件事，报了各种培训班，学习各方面的专业技能。没时间约会，没时间逛街，没时间去好好享受生活。

一年365天，每天24小时，柴珊几乎全部奉献给了工作，但是工作并没有给她相应的回报。

周一的时候，柴珊实在压不住心里的委屈，去了总裁的办公室，不到三十分钟，柴珊出来了，脸色却不太好。晚上的聚会上，这位从不曾显露出柔弱的姑娘，捂着脸哭了。

原来上午的谈话中，总裁说，其实他们将柴珊的努力看在眼里，也心疼她的忙碌，但这种忙碌恰好体现出柴珊自身素质的缺失，大家考虑一番，觉得她并不能胜任总经理的职务。

柴珊说："我有几十条疑问和不甘心，但没有任何一条可以反驳总裁的决定。"

这样的情景，我相信你多多少少都经历过：制订了学习、旅行、聚会、健身的计划，坚持了几天甚至有些并未成行，就被丢在了一边；想着周末一定要看完一本书，结果起床后东看看西摸摸，什么都不想干，又荒废了两天。

等到终于工作的时候，电脑打开了N个窗口，耳边电话不停地响，同时处理着多件事情；关掉偶尔蹦出来的新闻推送，手机又有新消息提醒，时不时刷新未读的邮件……

一天就那样忙碌着过去了。

为什么越来越多的人说自己好忙，却没有什么收获？

因为专注力的缺失，有N多个分割我们注意力的事物，让我们不得不忙，甚至是盲。

很多时候我们并非懒于去行动，而是感到疲倦和无力。想做的事情太多，仿佛永远没有尽头。做完一件事，尚来不及感受短暂的成就感，就被接下来依然望不到头的其他事情淹没。

这并不是因为我们懒，或是能力不够，而是因为过载。

传播学讲，信息过载是社会信息超过了个人或系统所能接受、处理或有效利用的范围，并导致故障的状况，是时代信息过于丰富的负面影响之一。

我们生活中，每一天，目之所及都充满了信息，潜意识中我们倾向于大量获取信息和资源，将信息存储下来，以备不时之需。

但是我们对信息的需求和处理能力始终是有限的，这就导致，获取的信息，远远超过利用和消化的信息量。

过载的信息会让我们心力交瘁，疲于奔命；让大脑难以清晰地作出判断，指挥行动，让我们变得容易分心。

简而言之，你不是缺少计划，也不是缺少执行力，而是缺少专注的能力。

比尔·盖茨说："专注力将会是最珍贵的资源"，而提升专注力的方法也很简单。

和内心对话，明确目标以及真正想要的行动。

时常问自己，想达到什么样的高度？自己距离这个高度还有多远的距离？为了这份距离，我需要做什么，又能做什么？

根据对自己的内心提问，列出详细的清单。将绝大部分注意力全部集中到这个清单上面，其余之外的东西，可以放弃的就放弃，可以延后的就延后，减少对这个核心过程的打扰。

确定什么事不值得关注。

问问自己"什么事情在浪费我的时间？我怎样才能更充分利用宝贵的时间？"这才能将干扰你的琐事抛在脑后。

如果想集中注意力在真正重要的事情上，就要清醒地认识到是什么活动"偷去"了你的时间。很多人甚至都没有意识到他们用了很大部分的时间在重复无意义的活动，并且没有反思并停止它们。

隔离干扰。

试着在一个不存在分散注意力的地方工作。或者尝试关上网络、手机，远离你曾经欲罢不能的APP，减少你用电脑的娱乐时间，把自己放在一个隔离区，全身心去做一件事。

运用番茄工作法。

"番茄工作法"来源于厨房的"倒计时"钟。比如，妈妈煲个汤要30分钟，她就可以把这个钟拧到30分钟倒计时。此法的发明者，最开始就是用这个钟来测试自己能坚持多长时间专注地做一件事情。

我们在处理事情时候，也可以利用这种方法，例如在数据收集上，定时30分钟，当时间开始倒计时，会给我们精神上的紧迫感，减少其他信息的干扰。

在对的时间做对的事情。

人在高精力的时候专注力就高，这时就可以做一些重要且富于挑战的事务，当人体经过一天的消耗进入低精力的时候，我们就可以做一些机械简单的事务。

不少从事艺术创意工作的朋友，他们总是白天打不起精神，只有在夜深人静时才会特别有灵感，那他们的事务清单中创意类的事项就应该放在晚上。

承认吧，你的忙，其实是因为专注力的缺失。别再用忙碌去成全自己，毕竟这世界上所有的美好，都源于专注。

提问1.怎样确定每天的工作安排？

答：写下最重要的事，并放在显眼的地方，每天提醒自己什么事情最重要，从而认识到自己明确的目标。

提问2.需要做的事情那么多，根本没时间去专注一件事？

答：专注和极简是成功者常用的工作方式。了解自己真正需要做的事情。生命总是充满了彩蛋，关键看你是否舍得在这遍地的纷繁里，大胆做减法，专注一两件值得专注的事情。一次只做一件事，只有用好专注、用心、极致的理念，你才能把事情做好。

第三章

忙要忙在点子上

别瞎忙了，你有必杀技吗？

“我能做什么？”

“我应该怎么做？”

我们总是不断对自己提问，而这些问题的关键，是要用对方法去提高自身能力。

但是在询问有经验的职场老手后，你会清晰地发现他们做事有条有理，坚持目标，总结下来不过是九条必杀技。

夏耀是我二叔家的堂弟，大学毕业后在北京找了份工作，暂时和我住在一起。每天清晨从睁开眼睛的那一瞬间开始，夏耀就在奔跑。

两分钟穿好衣服，五分钟洗漱，中间还看一眼炉子上热着的粥。然后又用了五分钟吃完饭，一分钟洗碗，拎包出门去赶八点整的那趟地铁，而等他气喘吁吁地站在办公室里，上班的时间也已经到了。下一秒他必须马上开始整理资料，为接下来的晨会做准备。

一年撇去节假日，剩下的三百多天里，夏耀都在重复着同一个流程。

前几个月，部门有人离职，原本属于同事的工作一股脑地又被转给了夏耀，他变得更忙了。上班做各种报告、市场数据报表、文案策划，下班熟悉各项业务知识，甚至还有几次加班到凌晨。

那段时间夏耀把自己活成了一个陀螺，拼了命地在工作上旋转，但即便如此，结果却也只是差强人意，甚至有几次还因为疏忽，核算错数据，差一点为公司造成损失。

有次下班回家，我正好在路上遇见他，路上他沉默不语，一脸疲倦。大概十多分钟后，用手抹了一把脸，问我："姐，当初您也有过这样力不从心的时候吗？恨不能时间静止，让自己把一切都整理妥当。"

我回忆起那段忙碌的时期，上午坐五点多的地铁去单位，查数据、核算成本、写方案；下午出席活动、谈运营、看场地；偶尔还得参加各种研讨会，朋友聚会，公益活动等。

那时候就在我以为自己再也坚持不了，下一秒就要疯掉的时候，部门调来一位新的经理。

她每天要做的工作和我相比，只多不少，但人家依然有时间去健身，去参加各种趣味聚会。和我略显暗黄的脸色相比，人家的状态可谓是神采飞扬，我羡慕她高效率工作之余，也开始留意她的工作方法。

那次我因为要提交一份报表，进了她办公室，桌上一盆绿萝生长得很是旺盛，但吸引我的却是一本便签，大概七八张的样子，贴在电脑旁边。

大概是察觉到我的视线，她笑着撕下一张，指着上面简单罗列的几条工作重点，说："这是我的必杀技！"

那条便签很小，却被规律地划分为四部分，紧急待办事项、需核查事项、重要事项和突发事项。而每一部分，也只是用了一两个关键词来标记。

一张小小的便签就能清楚地了解，所有代办事情的进度和交付日期，也就可以更合理地制订计划。

这件小事让我略有所悟，回想起来，和她一起工作的几个月里，她工作忙、业务重、压力大，外加新官上任需要熟悉各方面管理等，但她却很少加班，任何工作到她手上都会有条不紊地进行。

以前我总觉得是我能力不如她，但是在看到她的便签纸后，联想起她每日的工作习惯，原来我和她差的竟是工作中的那些“必杀技”。

“我能做什么？”

“我应该怎么做？”

我们总是不断对自己提问，而这些问题的关键，是要用对方法去提高自身能力。

但是在询问有经验的职场老手后，你会清晰地发现他们做事有条有理，坚持目标，总结下来不过是九条必杀技。

一、拒绝拖延，提升执行力。

在职场上，提升执行力可谓是老生常谈，但行之有效的实现它却依然困扰了不少职场新人。提升执行力的本质就是对目标有一个清晰的了解，然后脚踏实地地去实现。而不是给自己一个虚无缥缈的构想。例如人人都想成功，但成功却有多种形式，飘浮在空中。不如把成功具体化定义，例如赚钱买一套房，年末升职成总经理等。

二、学会高效率的休息。

休息不仅仅是闭上眼睛睡觉，而是用更合理的方式，清空大脑里的缓存。除了睡觉，诸如听音乐、健身、阅读、和朋友聊天等，都能够有效地让疲倦的身心放松。

三、善于对代办事项进行分类。

无论是生活还是工作中，能够快速对代办事项进行简单的分类，划分出轻重缓急，是很重要的一项技能。把最重要的20%的事情优先处理，这样反而会让接下来80%的事情变得更简单化；另外对事情进行简单的分类，也有助于我们在工作中，把握事情的细节，往往会有意想不到的收获。

四、保证精力和执行力的集中。

即使再优秀的人，都不可能在三心二意之下，获得成功。哪怕在做一件极其简单的事情，也保证百分百的精力集中，这就是优秀者和平庸者的区别。

而执行力的集中，则是指，在完成一项任务的时候，保证所有的资源都集中在一点，这样才能用最快的速度，达到常人难以达到的高度。

五、面对不擅长的事情，勇于“消灭”它。

大多数人在面对自己不喜欢的事情时，选择放弃或者一味拖延，然后仓促结束，大概是因为没有自信，害怕最终可能面对的失败。而优秀者面对不擅长的事情，会通过不停的尝试，让自己一次次变得更好，最终将不擅长的事踩在脚下。而优秀者的高度，正是这些不擅长的叠加。

六、做事有节奏感。

节奏感是指面对纷杂的事情，把精力进行划分。主力用来攻克重要又紧急的事情；集中处理琐碎的事情，“能两分钟完成”的事情不拖延到下一分钟；休闲的时候做不紧急又重要的事情。

不错过要事、盯住大事、不耽误有价值的琐事、放弃杂事，这就是高手的做事节奏。

七、工作不仅仅是制订计划，还要学会对目标分解。

人生有了目标就有了方向，但怎样实现目标才是关键。把目标进行分解，就像爬楼梯一样，确保每一个台阶都有人负责，确保每一个人都有能力完成任务。然后最后把这些台阶汇总在一起，实现“计划—执行—检查—总结”的高效循环。

八、对有限的时间进行细化安排。

无论是上班路上还是午休甚至晚上睡觉前，都可以把这段时间利用起来，做一下计划安排，看看新闻，写个小段子，听听音乐放松精神，或者总结工作得失。总之，安排好时间，既能让工作更高效，能力提升更迅速，还能让你下一步的目标完成更轻松。

九、不搞英雄主义，善于利用团队的力量。

谁都不是超人，不可能一个人就能把所有事情完美处理好。所以要善于利用团队的力量。根据团队各人的能力特点，把任务合理分配给团队里的其他成员。不仅能高效完成任务，还能增加团队的凝聚力。

你还把自己困在繁杂的工作中无法自拔？面对工作无从下手？别瞎忙了，你得有属于自己的必杀技。

职场上那些能将生活和工作完美平衡的人，除了更优秀的能力之外，也更加懂得如何利用这些必杀技，来更高效的工作。

问题1.将代办事项进行分类后，应该先完成哪一部分？

答：待办事项一般可分为紧急事项、重要事项、简单琐碎事项和不熟悉的困难事项。并且这四种情况可以两两交叉，甚至三者重叠。

对于需要首先完成哪一项，我的建议是根据个人当前实际情况。首先完成紧急事项，内心无太多牵挂后，如果注意力足够集中，则可以继续做重要事项，或者去研究困难事项。

但如果本身已经疲倦，不如先做那些简单的事情，让大脑得到充足的休息。

问题2.制定目标后，却不知道如何去实现？

答：所有不知道如何去实现的目标，都是因为对整个目标认识不全面。你可以将目标进行分割细分。比如年目标不容易达成，可以将目标细分到每个月的目标，甚至每周的目标，这样细分后，就有了行动的方向。

值得注意的是，在制定目标的时候，需要对预期值进行预估，而期望目标则应该是制定目标的百分之八十，只有这样，才能够实现本身的愿望。例如，若年计划盈利八千万，则需要将目标定位一亿，这样一年才容易完成期望的八千万目标。

不要偏离目标，选择比努力重要

世界上最没有效率的事情就是以最高的效率去做一件本身不值得做的事情。

公司里的一位实习生趁着周末办公室聚餐的时候，蹭到我旁边喃喃地说：“我最近有些迷茫，毕业四年了，工作并没有什么成就，生活还背负着房贷、车贷的压力！一切越来越不顺心。曾经大学的朋友，研究生毕业后起始工资是自己的2倍。我也想试着考研，但又怕考不上，想换一份新的工作，却始终没有勇气，我究竟该何去何从？”

过去的几个月里，她在思考中左右摇摆，听过无数朋友和家人的建议，甚至还因此与父母争吵、冷战，闹得很不愉快。

她见我沉默不言后，抬头直视着我：“老师，我该换工作还是考研？您说出来，我立刻行动！”语气中颇有点破釜沉舟的意味。

但是当我很认真问她：“换工作也好，考研也罢，你对自己未来的选择有什么规划吗？”

她却义正词严地回答我：“没有，我总得知道自己选择什么，才能规划！”

我之前采访过一位上市传媒公司CEO，他讲过一个关于自己和朋友的故事。

十六七年前，他和朋友都在一家工厂当工人，那是一家国营企业，对于从基层爬起来的农村孩子而言，那是一份令人向往的职业。

偶然的一次机会，他听说市区一家民营广告公司招聘业务经理，手写了份简历就去参加面试了。一路过五关斩六将顺利通过了面试，获得了业务经理的职位。但是周围的人并不理解他为什么要放弃原有的稳定工作，去一家私营企业工作。

他的原因很直白，为了多赚钱。他说自己未来会需要更多的钱，而一个车间主任的岗位，只会将自己的一生都困在那里，一辈子仿佛望见了头。

结果十几年过去了，当初留在工厂的朋友，依然只是一名车间主任，而他凭着几次果敢的冒险，广告业越做越大，去年公司上市，他成了本地知名的青年企业家。

曾几何时，站在人生的十字路口，年轻的我们根本不知道自己该怎么选择。一生中我们要面临无数次选择，学业、事业、爱情、婚姻，每一次选择可能都会因此带来不一样的未来。

从前经常听到有人争论关于“选择和努力”哪个更重要的话题，甚至它还发展成了一道辩论题，从目前普遍的呼声上来看，“选择”的得票率略微压倒了“努力”一些，对于这个结论努力派表示不服，选择派如是回应道：同样是一个B，往北走就是NB，往南走就是SB，人生重要的是选择正确的方向。

这虽然是玩笑话，但仔细想想其实也不无道理。

人生就像一道选择题，成功首先源于正确的选择。

管理大师德鲁克也曾说过：世界上最没有效率的事情就是以最高的效率去做一件本身不值得做的事情。况且“选择比努力重要”这句话中，并没有否定努力的重要性，只是强调了方向更重要而已。在正确的选择下，努力才有意义，如果方向就是错的，再努力也没用。

今天的生活来源于三五年前的选择，而三五年后的生活又由现在的选择决定。

把握住不同的机遇，就会产生不同的结果。有时候一次选择比千百次的努力还重要。

有些职场新人常常会感觉迷茫，明明别人加班自己也在加班，但是加薪的并不是自己，这一切的根本原因是他们在职场上出现了方向性的错误。

在职场少了努力任何事情都干不成，但努力要获得收获的前提是努力的方向要正确。

我们混在职场，主要还是以取得自己理想中的目标为结果。在初始阶段，就要选择好发展的方向。迷茫当然会有，但不能时间太长，多问问自己到底想要什么，问问自己目前努力的事情，到底有没有好的结果。

有些人辛辛苦苦工作几年，到头来还是一场空，问题就在于努力的方向错了，看似一直在努力工作，实质上早已经偏离轨道，等看明白时，已经无法回头。

不要以为选择只是凭借运气，任何一次明智选择的背后，都是经过无数次的积累和经验判断得来的。

那么在职场上如何做出正确的选择呢?

首先，了解自己喜欢的事情是什么。

在这里我想告诉刚进入职场的新人，在刚踏入职场的那一刻起，就要想清楚自己喜欢的事情是什么?想清楚之后就要对自己喜欢的事情死心塌地。只要这样的努力才是值得的，才是有效果的。

其次，选择一个好公司很重要。

所有的努力和选择都离不开一个优质的平台。但不同时期的需求不同，好公司的定义也是不同。但所有好公司都有一些共同点，比如不看短期的物质利益，而是追求长效的回报；比如足够大的升职空间。

要记住，短期的物质收入远没有长远的发展重要!

最后，马上行动!

做好选择后，行动和努力重新变为关键。有时候我们和朋友吃着火锅，却看着杂志上的模特，焦虑着什么时候自己才能变瘦，穿上漂亮的衣服，美美的拍照，却唯独不肯起身去健身房，享受挥汗如雨的快感。

我们瘫在沙发里，刷着微博，追着网剧，感叹舞台上的那些人年少成名，焦虑着什么时候工资才能涨，房价才能降，却唯独没有认真写过一次工作报告，没有读过一本专业书，没有尝试过为自己的职场加码，钱包增肥。

既然选定了方向和目标，就马上行动。你瘫在沙发上，他在跑步；你在敷衍工作，他在与时间赛跑；你在赶昨天的任务，他在做明天的计划。

人和人的差距，就是被这些细小的差异拉开的。

有时候，我们拼尽全力，只为了以后的毫不费力。所以，定好了目标，前行吧！

问题：毕业后选择去小公司好还是去大公司好？

答：大公司和小公司各有利弊，很难一言蔽之。

相对而言，大公司注重人才的专项发展，而小公司则更注重人才全面实践。

对于大部分人而言，去业务发展势头好的大公司比较好，有更成熟的人能够引导着自己，工作会明显轻松许多。并且大公司都有较为成熟的体系、上级的经验也较为丰富、更小的项目失败概率。先在大公司积累能力和视野，然后再跳到创业公司施展和锻炼，综合收益会更高一些。

而对于自主意识很强、渴望快速成长的人来说，去一家优秀的创业公司其实能够进步更快。因为小公司人员简单，但是流程却并不一定简单化，这就意味着一个人常常需要做多个职务的工作。在工作中学习，这是职场中最好的成长。

生活中的秩序感，帮你过得不再混乱

你有没有想过，你那么忙只是缺少秩序感。秩序感对于身处困惑低落的境况中的我们之所以行之有效，是因为秩序本身能让人更简单的预知下一步的状态，遵循规律满足一件事后，内心也会获得满足感。

周末的时候，张尧打电话问我，烦躁的时候做一些什么事情，才能克服焦虑，转移注意力。我想了想回答："我一般会断开所有通讯，一个人开车去山区，看一看别人的生活。有时会洗衣服，整理衣柜、书桌，做一些断舍离。"

这些手段其实非常有效，大概这些看似简单、无关、愉悦的事情本身，也是让自己有机会重新和内心对话的方式。

比如我在郊游的时候，看到别人的生活，会以旁观者的角度去思考。偶尔也会问自己，当面临同样的事情时，自己当初是如何行动的，这种发问能让人更清醒。

在洗衣服，整理书桌时，我必须简单而快速地判断哪些东西是自己不再需要的，完成对自我角色和自我需求的清晰认知。那些曾经以为很重要的事情，发现其实已经没那么重要。当那些堆积许久的东西被清空时，内心的枷锁仿佛一并被卸去。

并且，当自己去整理一些东西的时候，它可以快速而直接地分散注意力，将自己从那种不良的情绪中暂时地抽离出来，沉浸在另外一件具体的小事上。

这些整理方式能让你对自己的工作和生活有一个很强的控制力，这是非常积极的暗示方式。

我去远方旅行的时候，会考虑哪些地方一定要去玩儿，哪些美食一定也要尝一尝，甚至如果遇到了当地的人情特色，自己要如何表现和参与。这些具体的事情需要投入注意力去思考，并快速做出判断。这些表面看起来无关的事情，一旦行动起来，自己的注意力马上就会被快速转走。

所以，如果你碰到不良的情绪，或者感觉生活变成一团乱麻，不妨做一些小事。帮助自己缓解痛苦，从麻烦中走出来。

我大学时候有两位奇葩学长，心情不好的时候，他们总会做一些比较奇怪的事情。比如故意写几封情书丢在女生宿舍楼门口；比如买一大桶可口可乐，大口喝下去，享受不停打嗝的瞬间；偶尔俩人也会抱着小音箱去篮球场，听着京剧打篮球。

但无论哪一种，每次只要他们回来，心情必然都是很平和，甚至是兴奋的。

我有次问他们为什么那些奇葩的事情反而对他们有种治愈感。

他们的回答几乎都是，那些奇葩的事情能让他们内心感觉到愉悦，甚至是忘我。

当着全校师生的面做一些大胆而另类的举动，当众人围观时，内心会产生一种大义凛然的豪爽感受，甚至彼此之间还会安慰“这么多丢人的事情都做了，还有什么坎儿好害怕的呢？”

当全部思绪都放在了那一封无人认领的情书上，一个接一个的打嗝上，那些负面情绪、混乱思绪、焦虑而躁动的心情，也都伴随着这些事情，得到了纾解。

我仔细一想，觉得很有道理。

有一位美食博主说烹饪能给人心灵的慰藉，从准备食材、奶油发泡、制作蛋糕，到满怀期待地打开烤箱，一口口把蛋糕吃掉，内心的郁结竟然随着蛋糕的消失，也一点点消失了。

有同学喜欢读书，她说阅读能让人内心纯粹而平静，一本书翻开，从第一页翻到最后，之前的糟心事也就被翻了过去。

有同事喜欢健身，健身仿佛能让人上瘾，上一节动感单车留下足够的汗，然后再来一节课的抗阻运动，消耗掉身体里的最后一丝力气，身体是痛苦的，但运动后大脑分泌的内啡肽却令精神愉悦。

由此看出，在所谓的解压、发泄、平静以及治愈这种事上，秩序感都功不可没，它是拯救情绪的良方，是把你从混乱的思绪和生活中打捞出来的渔网。

做蛋糕也好，健身也罢，都是难度系数低，但秩序感很强的事情。在完成这些事情的过程中，那些负能量逐渐被消化，思维反而越发清晰。

因为秩序本身能让人更简单的预知下一步的状态，遵循规律满足一件事后，内心也会获得满足感。

秩序感同时也会对生活难题有一定的移情作用，抽离那些令自己感到焦虑的事情，心无旁骛地专注于当下，以局外人的心境来看待一切，解决困境。

秩序感的建立也很简单，可以从以下三个方面入手：

一、注意生活中的小细节。

哪些事情在完成的时候，更能感受那份愉悦感；哪些事情无须耗费你巨大的精力，却能换来满足感。而后当你慌张迷乱的时候，就从这些小事作为切入点，轻松搞定。

二、常常对自己的生活和工作做一些总结。

人都需要从小事的秩序感中感受出一种精神力量。事态越是失控，内心越是崩溃。但是当你对自己的生活多一些掌控力，秩序感也就更强烈一些。

三、给自己做一些规划。

所有的秩序感都存在于计划中，当生活变得有条不紊，一切事情也就不会烦乱，时间才能被有效利用。

放松你的大脑，当生活或思绪变得混乱，烦躁的时候，那是大脑给你的休息指令。只有停下来休息，才能更好地生活。

问题1.当原计划指定的事情生变，原本制定的仪式感缺失，内心变得更糟？

答：工作生活一团糟的时候会导致心情更加糟糕，别着急，你需要做的是重新确立下秩序感。打扫房间建立内心的秩序，做个日程安排建立工作生活的秩序。当所有事情被你安排妥当，建立秩序之后，你就是他们的主宰，你就是那个笑傲职场和家庭的人。

问题2.你是语言上的巨人，行动上的矮子？秩序感总是难以建立？

答：秩序感的确定需要制订一份详细的计划，把所有的时间整体做出安排，内心对未来多一些把控力，就多一点对秩序的遵守力。

而任何人在某件事情上的拖延一定是内心某种恐惧。恐惧麻烦，恐惧失败，恐惧不可控。要解决这个问题，需要我们将秩序感的东西定成一些简单、重复的事情，从这些事情中获取成就感，则更容易继续遵守这份秩序。

分清“重要的事”和“紧迫的事”

让我们觉得累的不是工作本身，而是我们的工作方法。

你有没有这种感觉：要做的事情那么多，却不知道从哪里下手。

别人的生活都是逛街、听音乐会、旅行，而自己除了加班还是加班。

如果能换来更好的生活还值得，最怕这种忙碌过后，生活质量反而越变越差。别人都是轻松向前奔跑，而自己背负的壳却越来越重。

有时候明明已经很累了，但又觉得好像根本没做什么事情，一天就过去了。时间久了，要忙的事情越来越多，身心疲惫到下一秒就想放弃。

我的邻居赵磊是一家新媒体公司的市场经理，在过去一年的时间里，每天都在六点起床，快速解决了早餐后，迈进办公室，晚上八点才回到家。

即使这样，第二天，他的桌上依然会有大量的资料。从运营、设计、策划、宣传都得找他核对项目，等一切忙完，一上午也就过去了。

下午他需要喝一杯咖啡，才能继续和客户沟通，进行方案修正，把上午的内容再来一轮。只有到了晚上他才能不被打扰，写点生活小段子，或者玩玩儿游戏，十二点半上床睡觉。

最近，他找我聊天，说自己像是陷入了“低品质勤奋”当中，每天都在打杂一样，事情看上去做了不少，但又完全没有成就感，只有焦虑和紧迫。

其实很多职场人都面临着和赵磊一样的困惑，尤其是那些职场新人。

职场上有一句话很有意思：“让我们觉得累的不是工作本身，而是我们的工作方法。”

我们似乎很容易掉进一个思维陷阱：一张便笺纸，只有写满了待办事项，然后一天天做下来，划掉很多之后，密密麻麻地看着，才会觉得很充实。

但人的本性中有一些劣根性，比如拖延，畏难。

大多数人做事会先把紧急和简单的事情消灭掉，然后盯着划掉一大半的便签纸沾沾自喜，玩玩儿游戏。日子看起来很充实，但真正需要做的重要的事情，却可能根本没做。

长此以往，最后便笺纸上留下的，都是重要的事情。

所以，摆脱职场上的这种混乱，首先需要了解和区分什么是

“重要的事”和“紧迫的事”。

美国的史蒂芬·R. 科维提出了“四象限时间管理”原则，他把事情按照轻重缓急，分为：重要且紧急，亘要而不紧急，紧急而不重要，既不重要也不紧急。

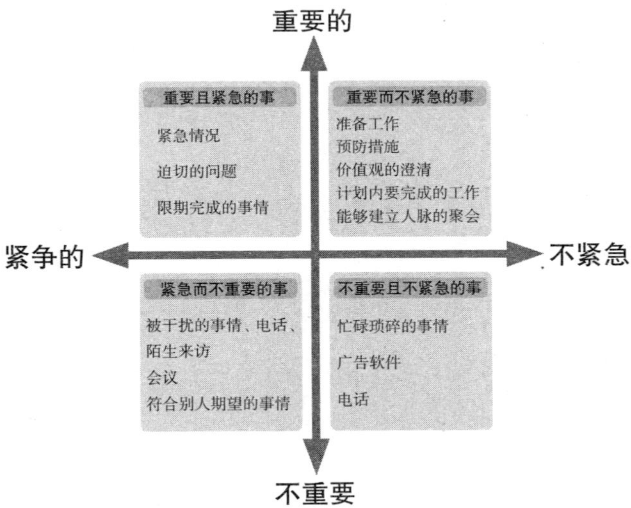

按照这个原则，我们也可以把我们日常要做的事情套进这个象限里，区分开我们每天要做的事情。

正确的处理事情的顺序应该是：先处理重要且紧急的事情，然后是重要而不紧急的事情，接着是不重要伍紧急的事情，最后才是不重要也不紧急的事情。

第一象限，重要且紧急的事情一定要先做。

以赵磊为例，工作上除了设计团队的进度和与广告商协调沟通的事情，了解市场动态也是市场大事，涉及未来的规划方向。

所以，哪怕上午的事情有多紧凑，也要腾出一个小时，先把重要的事情做好。

一方面是因为早上一般是高效时段，而在这个时间里把最重要的事情完成，内心则会愉悦不少，即使一天做的数量不多，心里也会踏实。

另一方面则是，重要的事情一般都不是容易的事情。人会因为畏难情绪，产生拖延症。而重要的事情又非做不可，若侥幸推到了最后着急去完成，效果自然不会太好。

第二象限，重要而不紧急的事情有计划，有条理，重点地做。

这些事情大部分是一些为了以后的发展必须要做的事情，比如长期的规划、参加培训学习，维护客户关系等。这些事情虽然并不紧急，但是若现在不完成，今后势必会造成影响。最终造成第一象限的事情越来越多，所以需要我们未雨绸缪。

第三象限，紧急而不重要的事情学会放权去做。

这类事情大多数都是事发突然，但是又无关乎紧要。授权给别人做，然后督导完成就行了。做你该做的事，如果不属于你的范围，你就坚决地说“不”。

第四象限，不重要且不紧急的事情，考虑是否需要放弃。

这些事情可能只是工作或生活中的调味品，比如在工作中逛淘宝、聊天、整理一些资料、处理一些不是很重要的资料之类的。别占用工作时间做和工作不相关的事情，毕竟你是来实现价值的，不是来混日子的。

每天24小时，是这世界上最公平的一件事，但也正是因为我们每个人时间和精力有限，所以怎样运用自己的时间和精力非常重要。

有很多任务是不需要立刻完成的，有很多事情是需要今天完成但并不会产生太多价值的，所以区别一件事值不值得花大精力做，值不值得现在马上做，应该放在并不那么紧急的时候再做还是一定得马上做，或者说做不做都没什么影响，这些因素决定了你需要把一件事放在什么时间，花费多少心思。

总的来说，“价值程度”，“紧急程度”，这两个维度是足够衡量我们做所有事的标准。

懂得了事情的轻重缓急，那我们在处理事情的时候就有了轻重缓急，提高工作效率，走出白忙的怪圈中。

问题1.针对重要的事情，怎样克服拖延症？

答：面对重要的事情拖延，很大程度上是因为内心对繁琐的恐惧和无耐心。学会拆解，把一件重要的事情，拆成N件小事，并在完成每一阶段后，给自己一定的积极暗示或者奖励，成功的愉悦感会打败拖延症的。

问题2.每个象限应该怎样分配时间和精力？

答：根据“二八法则”原理，我们应该在事情处理上有所侧重。第一象限的事情，我们应该花20%–25%的精力去处理。第二象限的事情，我们应该花65%–80%的时间去处理，因为这是一个必须长期坚持的事情，所以花费的时间比较多。

对于紧急而不重要的事情而言，我们要做的就是授权给别人，然后我们要结果，所以花费的时间和精力相对来说要少一点，大概占到15%即可。

对于既不重要又不紧急的事情来说，我们所占用的时间就少得很，可做可不做的。

别把时间浪费在不值得的事上

为什么总有人效率比你高？因为你总是白忙。为什么你总是白忙？归根结底就是你太懒了，懒到你做了太多不值得做的事情，但依然懒得去想办法锁定目标。

为什么总有人效率比你高？

因为你总是白忙。

为什么你总是白忙？

归根结底就是你太懒了，懒到你做了太多不值得做的事情，但依然懒得去想办法锁定目标。

那些令我们津津乐道的成功绝离不开两个字：勤奋，但大部分人用在工作上的勤奋是无效的。

我们都以为宣传部的莉莉一定能通过年终考核，毕竟她每天都那么忙，自早上坐到单位，一连八个小时，除了中途吃饭、上洗手间，很少见到她从座位上站起来。

但结果很意外，莉莉的年终测评竟是部门最后一名，虽没有被辞退，但依然给了她很大的打击。

若单从加班时长来评选先进员工，莉莉一定当仁不让。几乎每天早上她都来得最早，走得最晚。但是她的工作并没有什么特别的进展，手上永远有写不完的策划方案，做不完的封面图，剪不完的视频。

即使这样，只要办公室有人约她下班一起吃饭、逛街等，她都一口答应，把文件塞到包里拿着去逛街，回家后无论多晚，一定继续加班完成。

工作中亦是如此，无论谁需要帮忙，叫一下莉莉，她一定二话不说接过别人的工作，我也曾建议她："自己的工作都还做不完，干脆拒绝一些求助，让本职工作完成得更洒脱一些。"

莉莉却摇头，说："不行，办公室里的拒绝会伤害我的职场人脉，大不了多加几次班就可以了"。

为什么大多数人都只是碌碌无为的过一年，只有少数人的人生却仿佛开了挂一样，工作效率突飞猛进，一年上一个台阶？因为这些人的忙碌都有回报，而大部分人的勤奋却只是低效率的忙碌。

我曾经在健身房见过一些男生做10KG的卧推，一躺上去就连连30个，做累了就躺着不起来，恢复一会儿后，继续开始。15分钟过去了，肌肉还是没什么感觉。

我也见过小胖妞在跑步机上散步，开着很慢的速度和很小的坡度，一边看电视一边慢行。一个小时后，电视结束，她也从跑步机下来，一滴汗都没流。

无论是不必要的同事聚会，跑步机上的散步还是感觉不出重量的卧推，它们都散发着一种信号："不值得去做。"

有时候明明付出努力，结果却并不尽如人意，只是因为你把时间浪费在不值得的事情上。你不放弃那些不值得的事情，怎么有更多的时间去做值得的事？

分析一件事情值不值得做，有两个标准：

A、能带来多少收益，这个收益可以是金钱、物质；也可以是心智、情感。

无论是跑十公里，做一顿早餐，或者读一本杂志，谈一场恋爱，做任何事情都会带来各种收益，这种收益是我们评价事情的一个重要参考依据。

B、收益半衰期长短，也就是收益随时间衰减的速度。

所谓收益半衰期，是指我们做一件事带来的利益，随着时间推移而余下的价值。这个价值可能是短期的好处，也可能是长期的。

一件事情的价值，可以通过四象限的图谱来划分为四种情况：

A. 收益低，半衰期短：比如刷朋友圈，比如聊各种明星八卦。

B. 收益高，半衰期短：比如玩游戏，比如大吃一顿的。

C. 收益低，半衰期长：比如练一个小时瑜伽，比如阅读一个小时。

D. 收益高，半衰期长：比如找马云谈一次话。

而人们更愿意做收益值低，短半衰期事件，比如，漫无目的地刷朋友圈，刷微博，刷头条。刷的过程中可能不会有啥收益，或者收益值非常低，刷完也就刷完了，因此，收益期也短。

甚至因为都是短半衰期的事，得到的结果就是，每一天都是崭新的一天，每一天都做重复的事儿，而且，这些重复的事儿，价值并不会累加。

所以，你所谓的忙，只是因为你做了太多不值得的事情。有时候放弃不需要的努力，才是成功的首要因素。

那么什么才是最重要的呢？

唯有树立具体而明确的目标，才是进步的原力。

无论是对于个人还是企业，最可怕的不是能力不足，而是什么事情都可以做，什么方向都可以是发展方向。这反而意味着没有具体可以实施的目标，什么都想要，什么都不愿舍弃，最后往往什么都得不到。

摆脱这个困境，需要做的是减少目标数。

因为比起“有所为”，“有所不为”更加重要。可以试着列一个“一定不去做”的清单。当面临各种各样的“诱惑”时，就可以很坚定地进行选择了，不再漫无目的地浪费时间。

有些事情可能是你感兴趣或者有意义的，但是它并不能给生活带来更多的帮助，甚至转移你的注意力，又不能真正做出成果。

要知道，在一个人的认知资源有限的情况下，一段时间如果有太多目标，那么很可能哪个都无法完成。

确定少数的目标后，专注非常重要。

尽管“专注”这个概念已经被励志文念叨了无数遍，但真正能做到的人少之又少。在通向目标的这棵树上，大家在旁枝上浪费了太多的时间和精力，最后反而拖垮了进度。

不过白忙的人生，不把时间浪费在不值得的事情上。该放弃的时候选择放弃，锁定最需要的目标，一路奔驰。

问题1.如何才能找到最值得做的目标？

答：列出10—20个自己最想达成的目标，这些目标可以是阶段性的，比如“未来一年我想达成的目标”，也可以是永久性的。然后将清单上的目标缩减成 5 个。剩下的这5件事，就是我们最值得做的目标。

问题2.怎样去验证哪些事情真的值得去做？

答：结合四象限价值理论，我们可以问几个问题：有没有机会学到宝贵技能；有没有和年龄成正比；是否对健康有益；是否有面对阻力的勇气？

有些事无论你在上面耗多久，可能都学不到什么技能。真正有益的事情，一定都是和年龄成正比的。即使青春不在，也不用担心被淘汰，甚至，年龄越大，自己越值钱。

学会拒绝，才是高情商的表现

处理一堆不同的任务时，唯一的也是最好的方法就是专注于一件事，把它做完后再去做下一件，直到把所有的事都做完。

前几天表弟张岩单位的老领导退休了，因为他在位的时候对大家很好，所以同事决定AA制请他吃顿饭。

那天的饭局上，大家都喝了不少酒，聊了不少办公室八卦，发了一通牢骚。饭局就快结束的时候，老领导拍了拍他旁边的张岩，笑笑说："小岩什么都挺好，就是不懂得拒绝，所以有些事情反而做不好。"

张岩微有疑惑："帮助别人不好吗？在帮助别人的时候，我也常常能收获很多呀。"

老领导给小岩夹了一筷子糖醋里脊，说："这道菜最好吃的时候，一定是刚出锅，糖浆未散，柠檬汁的香气也还保留着，但你能说因为喜欢柠檬香，而多放一点柠檬汁吗？做事就如同做一道糖醋里脊，一切都要求刚刚好。"

张岩是办公室出了名的老好人。工作将近7年，无论是从每个月的考勤，还是从每周的工作时间，他都算得上是办公室里最勤勉的一位，但并不是升职最快的一位。

办公室里有一条隐藏的"潜规则"，无论谁手头的工作比较忙，有什么任务不好解决，或者懒得去做的事情，统统留下来，找张岩帮忙，90%的情况下，他都不会拒绝，即使他很不爽。

但在这样的结果下，最先抱怨的并不是张岩，反而是办公室里其他的同事。

事情的起因是这样的，一次张岩的同事又拿了几分资料，请他帮忙做一份策划方案。张岩看了看自己办公桌上堆积的工作，拒绝的话在舌尖上转了几转，最后还是咽了下去。

同事言笑晏晏地下班了，而张岩为了那份策划，整整熬了两个晚上，各种查资料，翻文库，匆匆忙忙把策划方案发给了同事。

但此事刚过不到一周，张岩路过茶水间的时候，听到有人在议论自己：

同事A：张岩根本就不行，前几天帮我做了一份策划方案，结果拿给领导，我被狠狠批评了一次，市场数据都是错的，早知道这样，我就自己做了。

张岩心里一阵翻腾，他还记得当初这位同事来请他帮忙时，神态可怜兮兮，而当初自己给他文案的时候，他欢呼、雀跃、感激涕零。

张岩很不理解，自己当初也和他说了：市场数据自己这边不准确，需要重新校对，怎么到最后，都成了自己的错？

张岩和我说这件事情的时候，我很直接，说："还不是怪你自己，谁叫你平时装好人？"

这就是人性：当你帮了他十次，他觉得理所当然。但偶尔的一次拒绝，你就会被打成恶人，更夸张一点就是张岩这样，帮助了不仅没任何回报，反而收获了一大堆的抱怨。

如果你一开始就标清楚自己的原则，你偶尔帮助了他们一次，你就是天使，哪怕你只是随口给他们提出了一条建议。

其实作为职场人，被同事麻烦的机会都不会少：

麻烦您帮我复印几份资料吧；

这个表格好多不知道怎么填呢，你能帮我做一下么？

我的电脑中毒了，你可以帮我修一下吗？

诸如此类，不胜其烦。

而这些请求里，有些是属于我们的本职工作，有些则属于帮忙的范围。混淆了这两个的概念，我们将被搞得疲惫不堪。

为什么我们不敢拒绝呢？哪怕这些事情明明会占据自己的生活时间，甚至会导致自己的事情都做不好。

但我们还是习惯性地答应了。

我们害怕被对方讨厌，让对方难堪。

办公室作为一个最小的社会缩影，我们总是以为不断的帮助，才能得到同事对自己的好感。但是别忘了，你不是他们的助理。

在做好自己工作的前提下，再去考虑帮助别人。相反，以牺牲自己的工作来帮助别人，不仅很难得到好感，甚至还会被贴上“能力低级”的标签，惹人厌恶。毕竟，没有任何人喜欢一个“猪队友”。

总以为这些帮助换来的会是等价值的人情。

其实你的“老好人”人设不仅不会换来大家的感激，还会让别人感觉你的付出很廉价。

前段时间我学会一个新词“低价值付出”，当我们自以为自己付出了很多，但对方却不以为意，丝毫没有感激，这种付出就是低价值付出。

雪中送炭很感人是因为那种付出很稀有，当钻石变成满大街都是，钻石也就不会这样受人欢迎了。

帮助亦是如此。

我们害怕冲突，同情心泛滥。

总是会被各种表象感动，以为如果自己不帮忙，别人的生存都有问题。而事实上，离开了你，别人的生活照样很精彩。

有些拒绝是难以避免的，只有拒绝那些不相关的帮忙，才能更好地完成自己的工作。

那么，该怎么拒绝这些“帮忙”呢？

学会拒绝无关的请求。

即使是为了保持和同事之间的友好关系，你也得试着拒绝一些无关的请求。例如帮忙打杯水、下楼拿一份快递、订一份外卖……因为当你接受这些日常却又无任何技术含量的事情后，会被当成一种习惯。不仅浪费了时间和精力，还拉低了你的身份。

注意说话沟通技巧。

在职场上，无论遇到任何事情，都不要做闷葫芦，毕竟没有谁会读心术。

即使面对领导的某些要求，在自己不能兼顾的情况下，也要学会说不。例如某次办公室需要一位同事去参加一项网络会议，领导直接点名张珏参加。张珏并没有直接拒绝，但是她的确有很多工作还没完成，

于是她和领导说：“我去参加这个会议没问题的，但是您刚刚交给我的那个报表，我可以明天上午再发给您吗，因为这样我的时间会不充足。”

领导思考几秒后，就换了其他人去参加会议了。

同事之间，超过自己能力的工作，直接拒绝。

每个人的职位不同，所累积的经验也是不同的，如果帮助同事做一份自己并不擅长的工作，不仅会浪费时间和精力，而且还可能完成得并不那么优秀。

因为这一次职责范围以外的帮助，让同事给自己贴上“能力低级”的标签，得不偿失。所以，对待帮助要量力而行。

拒绝要干脆、果断。

有一些人，在面对让自己为难的帮忙时，虽然极度不情愿，但并不会把拒绝说出口，反而会用模棱两可的“我看看哈”，“哦”来代替。

结果完不成任务，同事抱怨“如果一开始就拒绝不就好了，我就找别人帮忙了。”结果得不偿失。

学会拒绝，不做烂好人，这是积极，乐观，努力，向上的我们，修炼成为个内心强大的人的第一步，学会拒绝，才是高情商的表现。

问题1.拒绝别人，会不会显得自己很不通人情?

答：任何一次请求，都做好了被拒绝的准备。

如果不能帮助别人，尽早的拒绝，反而会让他有更多的时间去寻求别人的帮助。相反，你低效率的帮忙，才是对他最致命的打击。

问题2.如果工作已经堆积如山，领导又布置一份新的任务，能拒绝吗？

答：职场新人会认为领导交代的任务根本不能拒绝，好像那样会显得自己的能力不足，性格懒散。

但其实并不是如此，任何领导分配任务时，都是一种资源重新分配的过程，但是他们并不能了解所有员工的工作进展。

所以，当自己不能在第一时间完成领导不值的新任务时，只需要和他说明情况。例如：我现在在做一份××，这份工作可能得在3个小时后进行，可不可以？

了解所有工作的交付期限，才能让自己的工作变得游刃有余。

早起十分钟，有效避免生活混乱

很多时候，大家的混乱都发生在每天的清晨。但正是这份混乱搞糟了接下来整天的计划，于是一整天都在不停地忙碌，却似乎并没有特别好的效果。其实只要早十分钟到办公室，就能避免这种混乱，效率自然更高。

前几日因为公交改线，我的出门时间比往常早了一些，连续几日，我发现了一件有趣的事情。

市场部张昭总是第一个到办公室，有时是坐在座位上整理资料，有时端杯茶站在窗户处看风景，总之惬意得很。

这件事于我而言实在难以理解，作为一个懒癌患者，早起就像火星撞地球一样，几率太小，难度太高。

一年四季，无论哪个季节，早上被窝的吸引力都让我难以抗拒。我曾试着用多种方法来抵抗，但最后却依然徒劳无功。闹钟无论在哪个点响起，我却总不能自控地在床上赖到快迟到再起床。虽然最后到办公室也是踩着点，并没有迟到，却总感觉状态比以前差了不少。

随便用水抹一把脸，急哄哄地刷牙；一路小跑冲到车站，踩着脚翘首盼着公交车能马上出现。如果遇到堵车，看着长长的车龙，瞬间体会心急如焚的感觉。

常常没时间在家吃早餐，总是在早餐店买一个汉堡，或者买一个手抓饼，边走边吃。办公室的电梯也在排长队，偶尔实在等不了，我也会选择爬楼梯。终于气喘吁吁，提心吊胆赶到办公室，一看桌上的电话，3通领导来电，电脑上被同事贴了一天事项提醒。

于是没时间冲咖啡，甚至没时间去喝口水，站起来松松背。一天的慌乱不堪在早上就奠定了基调。

张昭与我恰好相反，他的一天整个都是有条不紊的。工作一会儿就会站起来看看窗外，喝杯绿茶，偶尔还能和同事交流一下生活心得。

张昭不仅比我多了许多的自由时间，甚至在工作的处理上，都极其优秀。每次办公室会议，他永远是工作准备最充分的那位。上级交代的任务，他也能在第一时间做出反应。年终考核核，他不出意外地成为了办公室业绩第一名。

我在酒后问他，在工作中是不是有什么诀窍。要不然为什么同样的工作，大家都会觉得混乱，慌张无措，只有他永远能快速做出应对，第一时间找到最完美的方案。

谁知张昭竟是摇了摇头，凑近我耳边说："哪有什么诀窍呀，我只是比你们早十分钟到办公室。"

我仍是不解，十分钟只是很短的时间，怎么可能让他一天都变得井然有序。

张昭继续解释："其实很多时候，大家的混乱都发生在每天的清晨。但正是这份混乱搞糟了接下来整天的计划，于是大家一整天都在不停的忙碌，却似乎并没有特别好的效果。而只要早十分钟到办公室，就能避免这种混乱，效率自然更高。"

就是这样一件小事，让我意识到，原来我的生活需要改变，而早十分钟到办公室，竟然如此大不同。

早起十分钟，会变得更加从容。

每天耗费在路上、堵车的时间终究是恒定的。所以如果能提早一点起床，明显就会从容很多。我们可以一边听晨报一边刷牙。偶尔还能在家给自己做一份营养早餐。到了办公室，也有时间给自己煮上一杯咖啡，为接下来一天的工作提供能量。

只用半个小时的早起，就能换来一份从容和优雅，换来这种有条不紊的工作开端，这个买卖简直太划算了。

提前处理好前一天未尽事宜。

作为新媒体人，工作的时间向来谈不上固定，大家个个都是拼命三郎，一天恨不得二十五个小时都泡在网上，研究热点。而提前十分钟，不仅可以让自己姿态优雅地走进办公室，还能提前进入工作状态，迎接新一天的工作。

十分钟肯定不能做一份报表分析，却可以做一份简单的社会调查，简单规划一天的行程，了解哪些工作必须限时完成，哪些任务需要提前与客户沟通。对自己的工作进行梳理，注重秩序感，一整天的工作都会很有节奏。

整理办公区域。

当忙碌了一天后，很多人在身体发出疲倦信号后，迫不及待地回家，于是办公桌上还留着昨天中午吃剩下的便当盒，被翻得乱七八糟的资料，枯萎的花等。

提前到办公室，可以对办公桌做一个简单的整理，保持办公区域整洁有序。这不仅会给同事和领导留下一个好印象，还能让自己的心情保持愉悦。

早到，能给人留下好印象。

分析职场会发现，领导和同事口中那些“肯吃苦，踏实，能干”的人，大多数都是办公室早到的人。

早到会给人留下勤奋、自律、敬业、有活力的正面形象，当领导对你尽是褒扬的时候，升职加薪还会远吗？

享受提前十分钟上班和最后一分钟踏进办公室有何惊人区别，你会发现，原来你可以不那么忙。

问题1.早到十分钟并没有改变你的生活？

答：这种情况，需要从两方面改变。第一，当你早到办公室后，是完成我上文所说的规划，还是拿手机刷新闻，玩微博？如果是后者，即使早到三十分钟，依然不可能改变什么。

早十分钟到办公室，是让自己提前进入工作状态，而不是换了一个地方玩儿手机。

第二，如果一切按照上文所说，但依然感觉时间紧张。那么你需要做的是再提前五分钟、十分钟……给自己充足的时间来准备工作，才是一天都有秩序感的关键。

问题2.用尽各种方法，早上根本起不来？

答：你可以试着奖励机制和魔鬼闹钟法并行的方式。所谓奖励机制是给自己一些物质奖励。比如一个月内早起天数达到一定量后，买一个喜欢的礼物送给自己。

魔鬼闹钟则是在床边和距离床有一定距离的桌上各放置一个闹钟，两个闹钟之间设置时间差。当第一个闹钟响起的时候，你从睡梦中惊醒，第二个闹钟响的时候，你则不得不选择去关掉闹钟，起床穿衣。

高效率才是正确做事的关键

为了要找到某个东西，翻箱倒柜，急得自己团团转。最后却想起来那个东西早被自己还了回去。但是，如果在最开始，就把东西整理得清楚干净，也就不会这样顶着满头大汗白忙了吧？

最近和一位初创者谈长期合作的事情。除了工作接触，生活中也见过几次。

了解后，感觉她就是我们常人口中的“女神”，做事一贯雷厉风行，职业感很强，但是生活又很丰富，曾自驾去西藏，背包游遍亚洲……

无论什么时候，她都是妆容精致，逻辑清晰，无论是电话会议还是面对面交谈，一贯保持着专业水准，不犯错，不失手。

签完协议，私下约她吃饭，我好奇地问她：“每天那么大的工作量，怎么还能保持这样的高效率状态？”

“高效率是我们的底线呀！”然后又摆出一副高管的姿态，随口来了句：“职场上，要么高效，要么平庸。”

所以，千万别小看职场状态。人在职场，你的精神举止，不仅代表你的职场素养，体现公司形象，在某种程度上甚至能影响你的前途发展。

我的同学陈子政，毕业后只用了短短五年的时间，从一名实习生，成功进阶成国际设计院的新锐设计师。

别人只看到了他的成功，夸赞他的天赋，却少有人去关注他背后的努力。在这五年时间里，无论我什么时候给他打电话，询问任何和设计相关的知识，他都能快速给出解释，有时甚至凭着我简单的描述，用软件简单勾勒出一个设计样本来。

和他去旅行的时候，见到某些特色建筑，他都会停下来拍照，研究那些建筑的内在构图等，甚至还会举一反三，从某一个小细节，辐射到其他的民俗风格中。

这些努力，让他的设计中多了自己的文化风格，也多了独属于当地的文化特色，最后中标的确无可厚非。

但最让我佩服的还是认识他近十年，从来没见过他在什么时候答不出客户的问题，或者状态不在线。

他会付出百分之百的努力，同时，也知道如何在有限的时间里，快速总结出客户所有想要了解的信息，然后第一时间传递给客户。这样的建筑设计师，成功是迟早的事。

曾经，我们时常忙得脚不沾地，但却没有丝毫的成就感。这是为什么呢?

因为我们总是在低效率的白忙。用了大量的时间和精力做了一些毫无意义的事情，或者是低效率地完成了一些事情。

这个场景你是不是很熟悉：突然想找某一件东西，翻箱倒柜，急得满头大汗，却始终找不到。等到精疲力竭的时候，坐下来休息决定放弃的时候，骤然想起，它在几天前刚刚被自己塞进了柜子里，于是又把柜子里翻得乱糟糟一团，终于找到被塞进角落里的它。

你自嘲一句“记性真差”，这件事情仿佛就简单过去了。却没有想过，如果几天前你在整理时，列一张清单，或者对物品分类整理，所有事情都有秩序感，也就不会顶着满头大汗白忙了吧？

你是不是感觉一天到晚工作量一直没有减少，然后“愉快”的加班之夜就要开始了。每天都是忙啊忙的状态。

不要再抱怨领导给了你太多的工作，从工作方法上找漏洞，与其一味低效工作，还不如停下来想想怎样提升工作效率。往下看，真正有效的3大神招，帮你节省50%的工作时间！

建立专属信息库。

工作学习中还在来回搜寻文件信息？它们总是藏在某天浏览的论坛的帖子中、众多邮件的一段文字里……需要时总要花一番力气去寻找，不但浪费时间还影响心情。

快点建立起自己的信息库吧！无论是市场报告还是聊天记录，抑或是灵光一现，都可以整理分类，汇聚到数据库里，需要的时候，直接查找即可，可以使工作和学习变得简单高效。

减少对工作的打断。

职场中有时需要我们同时进行几项任务，比如制作PPT演讲稿，填写数据单，查找资料等，于是可能需要在EXECL、PPT、网页中不停地切换。看似所有任务似乎都在有效进行，但其实已经拉低了我们的效率。记住，从来没有两个任务会有相同的优先级，总会有个更重要，仔细考虑待办事情列表。

化整为零，分解问题。

有些工作看似很繁琐，甚至需要花费大量的时间和精力才能完成。不如采用化整为零的方法，把问题分解成几个小问题，列出清单，逐步攻克。同时当分解成小问题后，也能高效利用生活中的碎片化时间，实现真正的高效率。

职场上，高效率也是隔开成功者和失败者的鸿沟，跨过去，梦想在向你招手。

问题：初入职场，怎样才能高效率工作？

答：可以从三方面入手，第一高效率的使用计划，列一个计划往往会让工作变得有条不紊，节奏感变强，效率也就会提升；第二，高效率使用自动化，还在手工记账，结算账单？更新一下，这些任务完全可以交给结算软件自动完成。现在大多程序都可以实现自动化，包括私人定制化；第三，拒绝毫无意义的会议，对于职场菜鸟，许多会议只是在浪费时间，除了非必要会议，完全可以把这些时间和精力节省下来，做其他的任务。

第四章
你根本不用那么忙

那些“来不及”更像是慢性自杀

当我们终于面对这个社会的时候，我们渴望尽早摆脱籍籍无名的现状。我们困惑、迷茫、不安、焦虑。那些在心底叫嚣的“来不及了”更像是生命的一场慢性自杀，一寸寸割掉理性，只剩对成功的痴狂。

野营的时候，一位二十八九岁的姑娘坐在我身边，顶着两个大大的黑眼圈，嘟囔着自己没睡好，想了一宿的事情。

我递给她一枚水煮蛋，宽慰她：“既然出来玩儿就放松一点。”

姑娘却苦笑一声：“不行呢，再不抓紧就来不及了。”

你是不是也是如此，害怕一切都来不及。

朋友圈更新看不到别人给你的回复就着急，评论上不了热评着急，创业不能一夜暴富着急，甚至别人都结婚，而你还在单身也着急。似乎现代人都陷入了一种焦虑的情绪，总是害怕一不小心，就会落于人后。

我们错过了太多机会，错过了淘宝皇冠店铺，错过了买房，错过了微博大V，错过了直播名主播，错过了股市神话，而且不知道未来还会错过什么。

生活中处处有机会，但我们似乎永远只有等机会过去才能发现他们，于是我们焦虑增多，愈加害怕来不及！这种害怕，就像是慢性自杀，一点点消磨掉你的自信、耐心以及梦想。

上司比你年轻，同事比你年轻，老同学也都一个个创业成功。朋友圈他买了你喜爱的别墅，她去了你一直渴望的城市旅行，他们都过着成功人的生活，似乎全世界所有人都比你有钱，比你帅，还比你努力。这些人无时无刻不在提醒你：“你的生活如此平庸，你是一个失败者。”

而你和大多数平凡人一样，住着不太宽敞的房子，背负着十几年的房贷。坐着地铁，每天周九晚五，为一份薪酬并不高的工作拼命奔波。

其实你也不是不努力，反而拼了命地想追，但似乎一切都太晚了，距离每天都在拉大，于是，越努力，越焦虑。

前几天认识的一个小师妹做大V，用了一个月的时间，完成了100万粉丝到300万的神话，不仅请圈里的人来了一场豪华聚餐，还买了心心念念的跑车，一直风头无两。这让我常常看着自己那点儿可怜的粉丝暗自神伤。

健身房一个小姑娘和我说：“最讨厌身边不停有人告诉你，他们过得有多好，搞得我没有安全感，怕来不及错失了什么。焦虑狂生，都快把我逼疯了！”

那时候我看着自己粗壮的小腿，对比别人婀娜的身材，想着半年后的婚纱，考虑着要不要去抽脂瘦腿。

每天睁开眼睛醒来，又有人超过你了。你对现状不满，却又没什么办法可以改变。竞争加剧了我们的焦虑。而现在自媒体时代的繁荣，让这种竞争更加赤裸裸。

其实你要相信自己，你是可以打败焦虑的。只要你肯努力，一切都是来得及的。

那么陷入焦虑状态该怎么办呢？

一、树立自我信心，其实只要你愿意，一切都来得及。

这个世界有30岁开始写诗，40岁出版诗集的人；有50岁学习瑜伽，70岁能把自己缩在一个小箱子里的人；有80岁开始绘画，98岁成为艺术家的人。

所以，你为什么怕来不及？跟这些人相比，你凭什么怕来不及？

二、分清楚，你到底是怕来不及，还是急功近利？

为什么现在很多人都害怕来不及呢？因为急于求成。

不是害怕来不及，而是渴望一分钟的付出，就能换来几十亿的收获。

所谓的来不及不过是害怕落于人后。我遇到过一个实习生，刚进小组第三天，就来办公室问我，什么时候能让他独立带一个百万的项目？

但就是这个实习生，在工作中，任何初级的工作都不想干。和我的几次谈话中，也屡次提及："我需要在半年内，快速赚取百万的起始资金，然后创造属于我的时代！"

有这样的雄心壮志，所以他根本等不及一步一台阶的升职工作，不过半个月，就辞职了。但从此后，我再也没有听过他的消息，大概那个百万梦想，一直没有实现吧。

张爱玲一句“成名要趁早”撩拨了多少蠢蠢欲动的心，郭敬明、韩寒年少成名，让多少人追逐艳羡。

所以当我们终于面对这个社会的时候，我们渴望尽早摆脱籍籍无名的现状。我们困惑、迷茫、不安、焦虑。可是你忘了，所有的路都要一步一步走，那些在心底叫嚣的“来不及了”更像是生命的一场慢性自杀，一寸寸割掉理性，只剩对成功的痴狂。

三、承认自己的局限。

给自己，也给梦想更多的时间，急并没有什么用，只会让你浪费更多的时间。

四、不要去害怕遥遥无期的未来。

如果害怕有用的话，那么要努力干嘛呢？害怕是这个世上最无用的东西之一。害怕是因为怕终究无法过上想要的生活，变成渴望成为的人。但是没关系呀，只要你愿意去改变，没有什么是来不及的。

五、不要只是感叹来不及，直接行动！

大学刚毕业的小表妹总是爱在我耳边念叨，哪位师兄创业上市，哪位闺蜜出版了十几册图书，哪位宿舍好友已经年薪百万，自己必须得赶紧努力啦，要不然一切都来不及了。

我问她，那你知道自己和他们具体差距在哪里吗？你有计划吗？

对方说，我一想到我们之间的差距，就已经很焦虑了，恨不得赶紧行动，哪里有时间去做那些事情，其实也根本做不进去呀！

我接触过的很多朋友都是这样，他们每天坐在椅子上，不停地说着：“来不及啦，我该怎么办？”然而却不去行动。他们甚至觉得，既然已经来不及了，再行动也没有什么必要了。

其实你要相信自己，这世上哪有真正来不及的事情呀！

想明白自己要什么，知道自己缺什么，就去补什么。一天做不完就一周，一周做不完就一年。多给自己一点时间。

就像纪伯伦说的，如果有一天，你不再寻找爱情，只是去爱；你不再渴望成功，只是去做；你不再追求成长，只是去修炼；一切才真正开始！

问题1.似乎生活中总是充满焦虑，不知如何与之共处？

答：焦虑是生命中的一部分，任何人都曾感受过或者正在感受焦虑。如果因为焦虑，而消极倦怠，那么焦虑就是人生的毒药。但如果我们能把焦虑化作人生的动力，积极前行，那么还有什么会来不及呢？

问题2.如果来不及像是人生的慢性自杀，那么一切是不是都该缓缓行之？

答：那些因为和别人比较，梦想急于求成，一次次哀叹来不及就像是人生的慢性自杀，一点点杀死理智、耐心和梦想。但如果人生没有一点儿渴望，一切都得过且过，也许自杀的速度会更快一点呢？

给梦想一个发芽的时间

人跟万物一样，要遵循自己应有的生长规律。而这个过程是漫长的，是需要你等待的。一切都会来得不早不晚，刚刚好。我们需要做的就是给梦想一个发芽的时间

一部《琅琊榜》，捧红了王凯，许多人羡慕他身材好，颜值高，声音迷人，似乎一夜爆红是很理所当然的事情。但他却是从小人物一路奔跑十年，最后才见到了属于自己的光。

二十几岁的时候，他还在各种片场当龙套，熬了整整十年，龙套才穿上皇袍，扎进了我们的视野。他从没想过会在这条路上，一个人孤独地走过十年，熬过了无数的艰难和挫折，最后才真正释放自己的光芒。

记得有人对马云说："我佩服你能熬过那么多难熬的日子，然后才有今天这样的辉煌，你真不容易！"

马云却轻描淡写地一笑，回答："熬那些很苦的日子一点都不难，因为我知道它会变好。我更佩服的是有些人：明知道日子一成不变，还坚持几十年照常过。换成我，早疯了！"

以前我还觉得这句话是他的一句谦词，可我发现，在现实中，不知道自己会变好的人太多了，而熬不过去那些很苦的日子的人，也绝不是少数。

这句话的前半句，确实很有道理。有些苦，不值得抱怨，因为你知道迟早会变好……人要有耐心等待，我们很多事情是在等待中得到更好的结果。

前段时间，工作室何雯状态极差，不仅有些暴饮暴食的趋势，脸色也有了隔夜菜的味道，似乎也不再关注健身，身材开始微微走样，经常穿的紧身裙都透出了小肚腩的模样。

周五会议结束，我问她是不是最近遇到了什么事情？

何雯一脸颓态地说："其实也算不上什么，就是这段时间，工作有些累了，心情也算不上好。"

何雯有多努力，我一直都知道。她周围同事大多都毕业于211、985大学，而何雯毕业于普通的一所三本院校。在校期间也并没有什么优秀的经历，一张简历几个字都可以概括完整。

为了追赶上同事的脚步，她几乎永远是第一个到单位，最后一位离开。生活虽然忙碌，但还好也算得上充实。工作两年，何雯一直是一名摄影助理，她说自己的梦想是成为一位优秀的摄影师，定格出全宇宙最美的瞬间，为了实现这个梦想，她省吃俭用了半年，没买一件新衣服，反而添购了一只单反相机。

于是空闲的时间，何雯更忙了，上班忙着学习，下班匆忙回去联系摄影，从大光圈到低快门；从对角线构图到回旋构图……何雯学得不亦乐乎。

终于某次，摄影师临时有事，何雯被叫去顶位。那是她第一次独立去拍摄一组杂志封面。拍摄很顺利，领导甚至还夸了何雯的进步。但是最后，那些照片却并没有用上，原因说了很多，但大概总结一番是，何雯的拍摄主题不明显，不符合封面照的使用。

何雯有些沮丧，她甚至开始怀疑自己的坚持是否还有意义，是不是她根本不适合这个职位，要不然为什么两年，自己付出了全部的心血，却还是一事无成呢?

成功不仅仅需要天分和努力，还需要你静下心来熬。

赵丽颖曾发微博“继续熬”，虽然在圈里掀起了一阵热门，但彼此也心照不宣地接受了某些行业真理。

有很多事情，一定要等。等待就像毛毛虫变成蝴蝶的过程，随着时间的累积，我们不断收获，憧憬未来，体验酸辣苦咸。

导演李安曾说：“其实人跟万物一样，要遵循自己应有的生长规律。而这个过程是漫长的，是需要你等待的。一切都会来得不早不晚，刚刚好。”

所以，我们需要做的就是给梦想一个发芽的时间。而在等待中，我们需要做的是不断地丰富自己，提升自己，让所有的等待更值得，让自己更美好。

等待的过程中，作为职场人，我们需要注意五项关键：

职场中要有的“一颗蓬勃向上的心”！

为自己的生活和工作设定目标，并为之努力奋斗。在充实的生活中，也能避免消极情绪的产生。当精神呈现疲惫的时候，我们可以自己调节，做一些自己喜欢的事情，让自己开心，感受生活的乐趣。

职场人应拒绝情绪化。

工作中遇见问题产生情绪是难免的，但还是要避免情绪化给工作带来的负面影响。因为情绪化，工作热情不高，遇事不积极，思维木讷呆板，影响工作的完成。情绪化甚至会让整个团队士气低迷，降低团队的作战能力。短木板效应，就在此时得以体现。

低调做人，高调做事。

做人要谦虚。接人待物谦卑有礼，懂得礼让，既学到了知识，又迎合了对方自我表现的愿望。淡泊名利，做事不要锋芒毕露，不把自己太当回事，这样才能拥有不满足的心态，才能不断充实自己。

拓展人脉，积累职场经验。

职场上，没有谁是一座孤岛，人与人之间都有着千丝万缕的联系。在工作中拓展自己的人脉，会让你更快速地了解各行业、各职位之间的差异，为以后的发展铺平道路。

放弃短期思考模式。

有长远的规划，培养良好的职业素养。不会被琐事左右，不会在工作中迷失方向。长远的职业目标和职业规划就像远方的灯塔，指引我们的航向，规避暗礁和浅滩。

所有的结果都在路上，成功需要能量的积蓄，给梦想一个发芽的时间，有效的忙碌过后，一定是收获的时刻。

问题1.怎样缓解职场情绪化？

答：不要和满身负能量的人交往。近朱者赤近墨者黑的道理大家都懂，强大内心的免疫力靠的是扶助和联系。远离负能量，让自己充满阳光。放弃让所有人都喜欢你的想法，强大的自我需要的是自我管理、自我提升和自我欣赏。

问题2.你知道让工作真正高效起来的方法吗？

答：第一步，先分清工作的缓急和重要性，并且估算各项工作所需时间。第二步，把着急的，可以快速完成的工作放在前面，迅速处理完。第三步，用大块的、集中的时间，完成需要集中注意力的工作，这期间，无论想起来什么其他工作，都不要去做，先写在纸上。第四步，完成第三步中的重要工作后，再来解决其他零碎的小工作。

所有的事最后还不是一件件完成

人生何尝不是一次旅行，其实遇到任何事情都不用急着做出决定或改变；当站在人生的悬崖边时，不如先不要动，不要向前冲，要做的或许只是静静地等风来。

最近朋友一直给我灌输一种思想：“你得赶紧把自己嫁出去，要不然就像菜市场的白菜一样，等到干瘪了，只能大促销！”

这个言论乍听起来，我深以为然，甚至隐约感觉到几分恐慌，早上洗脸都不敢用力，生怕给自己脸上搓出几条皱纹来，翻翻闺蜜们的朋友圈，各种晒孩子秀恩爱，小日子过得其乐融融。

再看看自己，一个人煮泡面、加班、去医院，一种从未感觉到的孤独竟然顺着脚心蔓延到全身各处，恨不得洗干净自己，站在大马路上拉个人就去领证结婚。

结果还没等我主动结束伤春悲秋，老板一个电话，客户对之前的策划方案不满意，所有的恐慌烟消云散，剩下的都是眼前的甲方乙方。

说不清是从什么时候开始，我的耐心越来越差，想做的事情越来越多，却很少有哪件事能沉下心去完成的。生活上一丁点不确定就让我乱了脚步，职场上一丝风吹草动就能让自己情绪爆炸。

那段时间闺蜜常常打趣，说："你现在就是一株有毒的藤蔓，敌人还没近身，就开始喷射毒液，你到底怎么了？"

是呀，我到底怎么了？

周二的时候，客户发给我一份资料想利用当下的热门话题主推一场活动，我欣然应下。但是还没等这边方案做好，另一边客户又传来另一个广告，需要修改一下文案，我的心情愉悦度顿时下降10%。

还没过半个小时，领导下达指令，一个小时后全员开会，好心情只剩下一半。总觉得看哪里都不太顺心，气鼓鼓地开完了会，然后我发现自己竟然变成了曾经最讨厌的模样：喜怒无常、不懂得掩藏自己的情绪，工作态度不认真。

直到有一天，主任问我："你为什么那么着急，所有的事情最后还不是一件件完成，何必把自己活得这样紧张？"

我才醒悟，原来不是我能力退步了，而是因为我太着急。

下一期的专栏主题还没想好，明天要做的设计没有通过，办公室电话不停地响，工作群也在闪个不停……这是多少人的工作现状，仿佛永远有一大堆工作压在身上，逃离不得。有时候我也恨不得呼吸间就解决了所有的麻烦，有时候却安慰自己过程最可贵。

但，所有的事情还是需要一件件完成，平凡的我们没被逼到跳楼的分上，又没条件一步登天。我们能做的是踏踏实实，沿着台阶，低头往上爬，不焦躁。

就像“等风来”中所说：“不管你有多着急，或者你有多害怕，我们现在都不能往前冲，冲出去也没用，飞不起来的。现在的我们只需要静静的，等风来。如果想飞起来的话，只有勇气往前冲，是不够的。我们得停下来，什么都不要想，让自己清空，只是等风来。”

那么怎样才能有耐心，等风悄然来？

细化计划清单，阶梯形强化自己。

就像不可能一跃三千里一样，也不可能一口气完成从0到100的突破。没有谁天生就呢过力扛九鼎，但是可以日积月累，在一点点形成节奏感后，逐渐增加身上的压力。

就像走楼梯，只有走了足够多的台阶，才能到达想要的高度。

而如果最初给自己定下太宏伟的目标，恨不得一口吞下一头豪猪，只是会让自己产生消极迎战的心态，得不偿失。所以，切记任何好习惯都从小任务、小周期开始慢慢培养。

学会延迟满足感。

延迟满足是指越高的领导做事近期越看不到结果。例如一个企业的CEO，会根据他领导的团队，制订长达五年的周期性战略。而这个战略，可能在两三年内都看不到成果。所以，越高层的领导越要学会延迟满足。

生活中，越来越多的人感到焦虑，其中的一个因素就是不能延迟满足。当付出10%的努力后，就恨不得马上见到10%的收获。而对于短期内看不出利益的事情，不肯等待。

越能延迟满足，取得的成就越大。

人生何尝不是一次旅行，其实遇到任何事情都不用急着做出决定或改变；当站在人生的悬崖边时，不如先不要动，不要向前冲，要做的或许只是静静的等风来。

问题：为什么觉得自己越努力越焦虑?

答：因为你并不是焦虑，而是急功近利。因为你急于求成，想越过整个过程，快速得到结果。

但事实上，任何行业都需要至少1万小时的积累，没有一蹴而就的成功。无论你是否承认这个规律。在成功之前，你需要做的只有努力，再努力！

我每天只专注90分钟，但足够了

专注，才有可能发展，专注，才有可能创造独特价值。

手机一直在响，我实在受不了，就把它调成了震动。依然受不了，改成了勿扰。信息提示灯不停地闪，索性拿起来放到了一边。

我有每天晚上十点断网的习惯，当然，断网不是为了睡觉，而是为了安安静静，不分心的看一场电影，看一本小说。

第二天早上醒来，重新连上网络，十分钟之内，坚决不能看微信、微博，群里的消息成百上千条扑过来。而我一般选择一两个群看过之后，一键清空消息记录，然后等着明天早上的第N次清空。

不知道从什么时候开始，我们的注意力、生活、工作完全被手机霸占。专注似乎变得越来越难，而关于“专注”、为什么要专注，马云先生的表述最令人臣服。

他说：“专注，才有可能发展，专注，才有可能创造独特价值。”

美国一项街头调查发现，一个典型的美国职场人，每个工作日的有效工作时间只有90分钟。而当天的其余时间，则被消耗在各种琐碎而无意义的事务上，比如网络社交，阅读新闻，讨论八卦娱乐，吃饭，喝咖啡，翻看杂志，玩游戏，发呆，吃零食等。

而这竟然还是世界范围内最高效的时长，在其他某些国家，人们每天真正有意义的工作时长甚至不足90分钟。

尽管现在越来越多的企业开始重视高效工作，并引入了各种科学方法和设备意图提高高效时长，但近十年，却并没什么进展。

有调查表明，90分钟的高效工作时间和90分钟的低效工作时间，所产生的成果和工作完成量，竟有10多倍的差异。

这就意味着，若不能高效工作，即使加班工作效率也只有个人实际能力的20%。这样做有何意义？为什么不用90分钟高效处理完所有工作呢？

试想，若每天只用90分钟就能完成全天工作，那么剩下的6个多小时，就是完全属于你自己的升值时间。以下的方法可以有助于获得非常高效的90分钟：

划分时间块儿，一天内完成一周工作。

我在工作时，喜欢把时间分为更短的专注时间块，以求注意力上更深度的集中。

每天开始，我会定义好自己接下来的任务，比如需要去采访谁，进行主题摄影，编辑采访稿，设计版面模式，并根据这些任务制定一系列行动步骤。每次当我完成这一轮工作后，内心生出的成就感会让下一个时段的注意力更集中，短暂休息后，制订一份新列表，重复此步骤，形成良性循环。

挑选一个专注主题。

列出专注时间块后，用不同的颜色标注好各专注时间段的主题，比如阅读、写方案、对比市场数据等。在一个时间块里，专注做同一种类型的事物，会让大脑更清晰专注。

确保毫无干扰。

如果在初期你并不能让自己有效工作，那么不妨用一些方法，让自己在任何情况下都不会被打扰。比如把手机关机放在自己难以摸着的地方，锁上房间的门。

用一切方法确保在专注时间块中，任何情况下自己都不会受到干扰。如果需要，提前告诉人们你在随后90分钟里不想被打扰；让他们知道可在这段时间后找你。要是可以，就锁上房间的门。若你无法保证在现有工作环境中不会被打扰，就到其他地方完成专注时间块。如果能确保自己不受干扰，你就会更有效率并拥有更深专注度。

快速工作。

快速思考、行动、工作。若你发现自己动作缓慢，就尽快提速！请想象自己处于竞赛之中，不得不在整个90分钟里保持强劲步伐。竞赛过后你就能好好休息。经过训练，这种工作状态可以更易实现。

不许自己分心。

在专注时间块内，你必须做自己预先定义好的工作，再无其他事项。关闭你的手机。停用任何可能干扰自己的通知功能。假如在此期间不需要，就断开网络连接。不在这段时间内查看邮件。不喝咖啡或吃零食。只在必需时才上洗手间。

避免模糊地带，享受真正休息。

许多人会在专注力模糊地带的马拉松里度过一个个工作日。这就是他们为何要花7-8个小时才能完成90分钟的实质工作。

他们的工作缓慢而低效，工作时间里也充满各种分心事务和干扰因素。他们很晚开始工作，又经常早早结束。大部分时间里，他们都处于半工作状态。

与其每天在模糊地带跑着马拉松，何不在真正的工作与休息状态间清醒转换。即使你只工作一半甚至更少时间，这种做法也更有效率。请尽量别在休息时间处理任务，因为这更有可能使你感到筋疲力尽。

在固定的时间做固定的事情。

有些人喜欢有着固定休息时长的固定专注时间块，这样一切事情都有设定好的时长。他们会坚持在设定好的时间点，开始和停止工作。有证据表明，若你的专注时间块每天都一样，能够帮助大脑优化其表现水平。

例如，我们可以把工作时间，每90分钟划分出一个专注时间块，并在每一个专注时间块中保留一定的休息时段，这将是极其高效的一天。

一种适度但依然高产的工作安排，可能是每天完成三个专注时间块。

用这种方式，你可以很容易完成大量工作。许多顶尖创意工作者每天只工作3-5个小时，但在那期间，其工作状态会深度专注并毫无干扰。

享受专注带来的高效生活，把有限的时间无限延长。

问题：每天90分钟，就能完成全部需要做的工作吗？

答：你不必屈服于传统文化的偏见，认为每天工作8个多小时就能让自己变得更多产。对体力劳动和一些重复性任务而言，这也许是事实。但它不适用于知识型工作和创造性工作。很多人都可通过短时间内高能量，冲刺性的专注工作，享受到惊人的流畅创作状态，并取得伟大成果。请让自己也试试这种做法，之后你可能永远都不想再回到，那类漫长又毫无效率工作日的模糊地带。

你最危险的不是安逸，而是不会忙

职场上，有谁没有装过忙？对我们这种常年坐办公室的普通上班族来说，装忙就是用大把精力去做某些事情，但这些事情对完成任务毫无帮助。

最近联系一位朋友，邀请了四五次都没成功，每次无一例外，得到的答案都是在加班。

后来终于见面，我问他："难道最近工作变得比较多吗？"

谁知道他尴尬一笑："没有，都是在瞎忙。"

生活中，我们大多数打招呼中都会问一句："最近在忙什么呢？"

一般的回复则是："哎，瞎忙！"

所谓瞎忙，不过是无须忙的事情，你浪费了大量的时间和精力在他上面，最后耗费了功夫，并不能得到有效的收获。

有时候，你只是看起来很努力，其实不过都是在瞎忙。

同事说："这年头，如果不拼命的活着，你都瞧不上自己。"

所以我们买了很多的书，最后也不过只是晒了晒朋友圈，然后束之高阁，再也没有机会去阅读。去了健身房，只是在跑步机上走了十几分钟，然后坐在瑜伽垫三百六十度拍照，和别人聊聊天，然后洗澡离开。看起来也是和别人一样去丰富自己，但是其实只是在重复无效的忙碌。

我们那些所谓的努力时光，只是自我安慰的一番措辞。那些忙碌，真的只是瞎忙，毫无用途。

身边的小伙伴每天都在忙忙碌碌，升职加薪、买房买车，为了更好的生活，每天加足了马力。回看四周，发觉似乎只有自己生活得很安逸，工作虽算不上太好，但能让自己衣食无忧。生活也并无大波折，日子仿佛就这样闲看暖阳和风。

但这份安逸在周围的大环境下，却显得格格不入，于是用尽方法装忙，仿佛只有这样，人生才有了意义。

职场上，有谁没有装过忙？对我们这种常年坐办公室的普通上班族来说，装忙就是用大把精力去做某些事情，但这些事情对完成任务毫无帮助。

那么你到底是为了感动别人还是感动自己？

那些真正很忙的人，都在忙着做一些有意义的事。而大多数装忙的人呢？

我家楼下是一家烧烤店，每到傍晚店里人声鼎沸，常常是几个人守着几瓶啤酒，几把烤串，一喝就是深夜，而那些喝闲酒的工夫，足以顶得上他们半天的工作时间。

但如果你问他们忙吗？他们一定会告诉你很忙，甚至能和你细数每个小时都在做了些什么，忙得没空喝一口水，没时间泡一杯茶。

你若说："喝酒的时间可以省出来。"他一定有十几条理由让你无言以对。

累了一天，不该喝酒解乏吗？不该和朋友联络感情吗？这都是没办法的事情。

于是漫长的时间消磨在那张烧烤桌上，第二天依然如此……时间久了，连自己都开始相信，原来每天都那么忙，很充实呀。

比不停地周旋在各种聚会更有迷惑性的是办公室加班文化。当大家都打着"青春无悔"的旗号，用加班时间代替努力程度的时候，加班就走入了一条歧路。

同事A今天加班1小时，明天同事B加班2小时，以此类推，大家的注意力全部聚焦在加班时长上，已经很少有人去思考，这样的加班是否有用。

漫长的加班背后，是不是低效率工作的表现？这种不聪明的努力方式就像漩涡，把所有人都吸进去。

我们喝惯了“你必须拼命努力，才能看起来毫不费力”这样的鸡汤，然后在奋力奔跑过后，质问为何命运不公，这样努力还是换不来成功?

事实上，这种表面的努力，其实十分费力。

要知道，忙碌并不等于高效和努力。而只有有效的工作，才能更快的抵达梦想远方。

所以，不如一起学习以下的五点工作方式，摆脱不会忙的人生，一起高效生活。

一、永远清楚自己的工作重心。

忙碌的人似乎一切都是最重要的，但是高效的人却知道自己最应该做的事情是什么！不把时间和精力浪费在不相关的事情上，时刻用最经济的付出收获回报。

二、所有的事情一件件完成。

装忙的人手边永远有太多的事情要做，最后顾东不顾西，反而拖延了时间。而高效的人了解，最重要的事情永远只有一件，他们会把全部的精力放到一件事情上，快速高质量地完成后，才开始继续下一件。

三、碎片化时间才珍贵。

装忙的人很少会注意到碎片化的时间，大多数他们都在感叹时间不够用，然后看看时间，10点23分，不如玩儿到10点30分，再重新工作，于是反而浪费时间。高效的人，可以把碎片化的时间集中化，利用碎片时间，完成一些简单的事情。

四、拖延是让生活变得混乱的一个因素。

装忙的人前期一定在拖延，当工作拖到最后时间，才开始忙碌。高效的人则会合理制定目标，一切游刃有余。人人都有拖延症，拖延症看似只是将需要做的事情延期，但其最大的危害却是，会打乱生活安排，最后甚至可能会导致原本需要半个小时完成的工作，却需要一个小时完成。

五、学会拒绝别人。

装忙的人总会特别快速的答应别人，而高效的人，三思而后行。装忙的人无论身边是否还有工作没完成，都擅长把所有的工作堆积在眼前，仿佛只有这样才能换来安全感。

努力的确是通往成功的通道之一，但并不是所有的忙碌都是有效努力。莫要给白忙披上一件虚假的外衣。真正的忙碌是自内提升自己的，是让灵魂稳步前行的。

总之一句话，你最危险的并不是安逸，而是不会忙。

问题1.当手边工作完成后，怎样给自己“找事儿”？

答：老板吩咐了100%的活，你结果干成了80%还是120%？还有没有改进的空间？ 同事中，有哪些工作是你可以选择帮忙的？建立良好的同事关系，也会让你在职场上如鱼得水。

咨询职场前辈，了解行业前沿动态，比如哪些证书和课程能提高职业素养。学习它，为自己增加几份技能。

整理书桌，做好职业规划，甚至可以读一些书，完善职位工作手册、优化流程，以方便实习生和后来者。

问题2.职场上，为什么那么多人选择装忙？

答：当忙碌隐形定义成努力，职场上百分百的人会选择装忙。而产生这种现象的原因有三：一是，不肯在同事面前被比较下去；二是，对未来无规划，不知道忙什么；三是，作秀给领导看，寻求换来升职加薪的机会。

尤其在办公室的氛围中，当同事都为工作忙得焦头烂额时，你的闲暇就是一种错误，于是只能选择装忙。

而有些职场人，不懂得变通和高效工作，对领导布置的任务刻板完成，于是浪费了更多的时间。

享受半途而废的自在

人生就是一场漫长的试错之旅，你需要不断地尝试，调整方向，校准目标。暂时搁浅，也可以等待再次启程。

“你有没有想过。也许你一辈子都只能是一个龙套？”

和我穿一条裤子长大的兔子说，她想过，但如果注定是一名龙套，她希望自己的生活能比别的龙套更丰富一些。

兔子是我们本地一家报社的编辑，工作了五年，一路从小记者跌跌撞撞成小编辑、版面编辑、到专题主编，走得很是辛苦。但兔子不怕辛苦，别人不愿接的事情，她来接。别人不愿啃的硬骨头，她来啃。

所以，当她第十九次不顾风险，曝光当地一家知名企业销售无证产品时，引起了社会的广泛关注。月末表彰大会上，兔子再一次站在台上，接受嘉奖的时候，不少人都说："下一任的部门主任一定是兔子。"所以，兔子辞职的时候，很多人都以为她一定是睡糊涂了，放着大好前途不要，辞职要到哪去？

兔子却没管那么多，辞职报告交了，和同事把所有工作交接好，招呼一打，扬长回家了。

周末原来单位的几个同事给兔子打电话，约她出来喝酒，兔子豪爽地答应了。

酒桌上，有人问她："难道又有哪座大庙要请您这尊活菩萨吗？"

兔子两眼一眯，嘴角一撇："没有，我现在是真的失业了。"

桌上其他人不理解了，便问她："你在报社继续工作个三五年，一定能提升成部门主任，现在辞职又是为了什么？"

"大概是因为我想放弃了吧，想走一走其他的路。"兔子说完，喝了最后一杯酒，就开始沉默。

兔子学的就是新闻学，她对自己的未来有一个清晰的目标：战地记者。

犹记得大一第一场年级大会，学校知名校友回学校讲座，主持人在台上问："你们的理想是什么？"

兔子在台下大喊："当一名战地记者。"

周围不少同学都只当她是哗众取宠。毕竟身形娇小的兔子，怎么看也和战地扯不上关系。兔子却知道自己是认真的。大学四年，各种社评、新闻摄影图片写了不少，拍了不少，获奖的也不少。

毕业后，虽然没有真的成为一名战地记者，却也成功考入当地报社，做了一名社会新闻小记者。所以，当兔子说出自己想放弃这份工作的时候，的确让不少人惊讶。

也有人问她难道就这样放弃自己的梦想了吗？兔子的回答很简单：“梦想都是阶段性的，我们需要做的是根据自己的所有状况，不断地调整自己的梦想，而不是抱着梦想，盲目前行。谁能说我现在的半途而废，不是下一个梦想的全新开端？”

不知道什么时候开始，渐渐发现，周围的人都变得浮躁起来。好像每个人都怀揣着对世界的认知艰难前行。脚下的泥泞，前路的漆黑，依然不曾让大家停下脚步，想一想是不是要继续走下去。也许那条路本就是错的，却依然催眠着自己：不能放弃！

听了太多关于坚持的成功学，每一次的失败都拼命暗示自己：“天将降大任于斯人。”但这个大任似乎并没有那么容易到来。

于是20岁左右的时候，满腔热情。30岁的时候，怀疑是不是走错了路，却不敢放弃。40岁，想放弃却更不知道何去何从，于是就留在了错误的道路上，踽踽独行。

其实，随着年龄和阅历的积累，我们的精神和肉体时刻都在变化，当然，如果还停留在过去的思想层面，自然会出现断层。

就像，每隔七年，我们全身细胞都会彻底更新，都蜕变成一个全新的自己。我们无须因为放弃曾经，就感到惊慌和恐惧，学会“半途而废”，有时候人生就是一场又一场试错的过程，我们总得尝试过不同事物，才能做出正确的决策。

兔子辞职后的九个月，来来回回换了五个行业，做过餐饮，开过摄影店，甚至还曾经营过一家广告公司，每一次都轰轰烈烈地开始，但最后又都悄然结束。

原来单位的有些同事，再谈论起他的时候，仿佛在讲一个笑话，也曾嘲笑过她不过尔尔。但兔子却觉得没什么，虽然每一次尝试都是自己放弃了，但每一次选择，自己都拼尽了全力。

后来兔子以摄影工作室、广告公司老板的身份，开了市区唯一一家全新理念的书吧。文艺清新的书店氛围和全新的经营模式，引发了全市轰动。

兔子再一次成功了。

有人问她，下一步准备做什么？兔子粲然一笑：“2017年，我想尝试点新鲜事。”

兔子说自己迷上了这种“半途而废”的自在，她说，人生就是一场漫长的试错之旅，你需要不断的尝试，调整方向，校准目标。暂时搁浅，也可以等待再次启程。

谁说“半途而废”就注定一事无成？人活着啊，就是追求自己想要的东西。发现有兴趣那就开始，开始后发现不喜欢，那你就放弃。一件事情，不管最终有没有坚持，我们都在开始尝试的那一瞬间获得了别致的快感，这种心境或许难以再次获得。

但是，享受半途而废时，需要拥有三项必要条件：

一、对自己有一个正确的全局认识。

确认要放弃的是不想要，而不是害怕得不到。半途而废的放弃一定是要因为自己不想要，即使某件事情能带来再多的物质享受，但并不能让内心获得满足感，就果断放弃。但如果仅仅是因为害怕自己能力不足，想要而得不到的放弃，只会让未来的自己后悔莫及。

二、半途而废前做好所有准备。

尤其是当放弃一份工作时，需要考虑自己的经济基础，只有当你不为衣食住行这些基本开销所累，才能真正地去追求自己的心中所想。

三、半途而废需要的是对未来正确方向的把握。

“半途而废”让很多人会错了意，大家只看到了“废”，却忽略了废之后的重新开始。比半途而废更可怕的是，你在错误的路上越走越远，却连放弃重新开始的勇气都没有。

比如，明明文学才华超强的人，却偏偏要在工程路上一次次跌跤；爆发力很强的运动员，却参加万米马拉松；记忆力超强的人，却选择了扫马路。

并不是工作有等级划分，只是也许需要放弃原本的错误，在正确的路上奔驰。

有时候半途而废也并不全是坏事，它是一种自在潇洒，敢于追求也敢于放弃的生活态度。

毕竟，人的时间是有限的，如果你把开始的每件事都坚持到底，可能一辈子都没机会遇见自己真正喜欢的东西。

问题1.怎样才知道哪些事情值得半途而废?

答：需要一遍遍的试错，人一辈子，做好一件事就够了。人生就是一场场试错的过程，只有经历过，才知道哪些是自己真正想要的，并且适合的。

问题2.试错难道不是对时间和精力的浪费吗?

答：试错浪费的的确是人的时间和精力，但随着年龄的增长，试错的成本也在成倍数增长。如果试错，也许浪费的只是时间，甚至还会遇到正确的方向，但如果不试错，你会后悔。那才是对时间和精力的最大浪费。

90%的焦虑都是因为你想太多

我们总是非常的着急，做任何事情都极度的求快，想要做到最好，想要快速成功，想赚到更多的钱、想快速被整个世界认识。然而越是求快，就越是焦虑。越是焦虑，做事的效率就越低。这就是“欲速则不达”的根本含义。

有没有那么一段时间，你常常觉得迷茫而又焦虑?

公司一帮有为青年都说自己在胡乱混日子。

策划部的刘小度说：“我觉得大脑已经被抽干，创意被消磨，剩下的是一堆残渣。”

市场部的聂聂说：“以前下班还会逛逛街，泡泡吧，现在大家都在拼命工作，喝酒撸串都找不到人了。”

广告部的谭小明说：“身边的同龄人都已经结婚生子，买房买车，只有自己还是租房、挤地铁，单身没有男朋友，感觉人生有些失败。”

宣传部的徐大毛说：“95后都已经在职场上熠熠生辉，房价已经攀升至不忍直视，但自己依然迷茫，不知何去何从。”

明明大家都还有大把的时间，却为什么觉得很焦虑，仿佛再不做出点成就，就来不及了？

因为那些跟自己同龄的人，甚至比自己小很多的人，都太优秀了。

以前那些时代，我们只需要和同班同学、邻居、别人家孩子竞争，和身边几个朋友比较。然而互联网时代，我们要和全世界的同龄人竞争。

并且这个时代，已经不存在怀才不遇，网络已经能承载起任何形式的才华，那些在某方面很厉害的人，很容易被全世界看到。

1993年的姜思达因犀利吐槽和前卫穿衣风格被人熟知，99年的王俊凯已经是人气少年偶像组合TFBOYS队长。

最让人焦虑的就是，日常生活中，身边的人也做到了你想做而没做到的事。

柴小娜说每次同学聚会，都会听到同学们的光辉事迹，每次都是兴高采烈地赴会，然后灰溜溜地回家。同龄人的成功总是能凸显我们的平庸。

不得不承认，有些“病”真的是比较出来了，比如焦虑。

当和别人比较过多，思虑太多，会迷茫，会焦虑，甚至还会消极，变成行动的矮子，白白浪费了许多光阴。

联合国在一份《全球幸福指数报告》中指出对高收入的不懈追求，不仅没有使我们更幸福、更满足，反而带来了前所未有的不平等和焦虑。更不幸的是，对更高收入的追求，却已经成为一种全球性的社会行为。

闺蜜温雅因为爱好摄影，在某网站开了自己的专栏，偶尔发点儿原创的小视频，自己拍的照片，日子过得无比惬意。去年的时候，因为收藏数破百万，有一家知名传媒工作室邀她去参加电影拍摄。

温雅为此激动了好久，因为做影视一直是他的梦想。但结果只过了不到一周，她整个人都有些萎靡不振。

因为同事都太厉害了！一位同事已经参加了四部院线大电影的创作，认识不少知名导演和编剧。

另一位同事从纽约回国，博士论文导师就是好莱坞的最佳导演。更别提单位里的其他大神，都是圈里响当当的人物，手里的剧本都是最佳编剧送来的。

相比之下，她的经历实在拿不出手。

更可怕的是，工作室新来的实习生，比她小9岁，但是阅片量惊人，开讨论会的时候，无论说到多冷门、多古老的电影，她都立马能搭上话，并且能记住其中片段，甚至还能头头是道地分析影片中间的镜头转换，画面构图等。

如果只是被前辈秒杀，那还可以接受；但被这样的后辈完爆，实在是太受打击了。

她越来越焦虑了，晚上回家焦虑得什么都做不了，电视电影都看不进去，微博、朋友圈也没有心思刷，全副身心都拿来焦虑了。失眠、厌食等接踵而来。

常常睡前给自己加油打气，明天会好起来的。但是大家都在进步，甚至奔跑的速度比她要快得多，差距越来越大……

一段时间下来，她不想上班，不敢进单位，终于选择了辞职。她自问自己并不是不努力，她也每天拼尽全力地奔跑，但就像门口杀猪肉的挥刀速度，怎么也赶不上中原一点红的刺剑，于是越努力，反而越焦虑。

我们总是非常地着急，做任何事情都极度的求快，想要做到最好，想要快速成功，想赚到更多的钱，想快速被整个世界认识。然而越是求快，就越是焦虑。越是焦虑，做事的效率就越低。这就是“欲速则不达”的根本含义。

这种焦虑常常发生在“追求卓越”的人身上，他们总是在拼命努力着，考个重点大学，有份光鲜亮丽的职业，过着大部分人眼里的成功生活。但是却很少享受过成功的喜悦。

因为他们总是被无形的压力驱赶，去做得更好，不能失败，不能落后。他们永远不会觉得自己做到足够好，于是害怕无法得到别人的认同，从而产生莫大的焦虑。

为摆脱这种焦虑，只能拼命地去变强大。但是越努力，越焦虑，在这样的恶性循环下，无时无刻不处在焦虑状态中，而最后崩溃。

那么，你要如何才能从这种“越努力、越焦虑”的状态中抽离出来呢?

你要停下来，给自己一点时间。

焦虑者和平常人不一样的地方在于，他们做事的目的只在最后的结果，恨不得越过整个过程，生活对于他们而言像是一场被别人安排的任务。但是任何事情都是一个积累的过程，于是越着急，越焦虑，最后本末倒置，一事无成。

放弃那些所谓的努力，做一些真正让自己愉悦的事情。

焦虑者的状态就像一个溺水的人，越害怕，越挣扎。但当自己放松，不再挣扎的时候，也许水并没有那么可怕。

就像我们尝试着对生活放手，不再被紧张和焦虑驱使的时候，自身的兴趣，对世界的好奇、自内而产生的某些动力会自发地引领着我们去探索这个世界。而这个时候，生命才是充实和有意义的。

所以，比起想得太多，而拼命试图去抓住什么，从而让自己焦虑起来，不如什么也不做。试着对生活放手，试着不再去拼命抓住任何浮木。站在生命的河流里，待内心平静。

与其被追求幸福这事儿压得喘不过气，不如先不去想它，把精力放到别的事情上去，没准幸福反而能不期而至。毕竟等一等自己，我们完全可以大器晚成。

问题1.焦虑是人生的毒药吗?

答：合理的焦虑并不是坏事，它是我们进步的动力。感受到一定的焦虑，说明你有上进的需求。焦虑的另一面是为了成为更好的自己，所以，弄清楚焦虑产生的原因，试着接受焦虑是我们生活的一部分。

问题2.怎样才能有效克服焦虑？

答：首先，就是把焦虑化为动力，不再深陷焦虑的负能量漩涡，直接列出行动清单。认清当下自己的短板，然后一点点补足它。

其次，接受焦虑，并带着焦虑去不断学习和进步。

最后，不再过分的追求结果，而将目光放在努力地过程中。相信时间不会辜负任何努力，穿越时空的荒漠，你会发现，原来你想要的，时间都会给你。

将精力集中于自己清晰的目标上

人在不同的年龄，会遇到不同的世界，于是有不同的欢喜和错过。就像是初中错过的游乐园，高中错过的青春懵懂。很多扇门，来了开，走了关。我们总以为，以后还会经历。但事实上，错过了最合适的年纪，你可能再也没有机会去体验了。

闺蜜窝在我家沙发上整整一个下午了，时不时哼唧一声，翻身动动我摆在茶几上的薯片，拿起来吃一口，遥控器打开电视，换台，换台，换台。很无聊，把薯片重新丢回桌子，再翻身，趴在沙发上不动了。十分钟后，继续哼唧一声，吃薯片、看电视……

我从阳台收了刚刚晾干的衣服，把整间屋子拖干净，看看镜子里的自己，干脆又洗了个澡，吹干头发，做个面膜，忙得不亦乐乎，好不容易把自己收拾好，刚在沙发上坐下，就听她说："哎呀，我要无聊死了，难道你不无聊吗？"

我："不无聊，我有那么多事情需要做。"

闺蜜："那为什么我这么闲？"

我："闲难道不好吗？我多希望有一天可以和你一样，什么也不做，享受一下悠闲时光。"

闺蜜："很好，但是也很无聊呀！"

我："既然那么无聊，为什么不找点事情做？"

闺蜜："因为不知道要做什么呀，仿佛生活就该是这样，岁月静好。"

似乎很久以前，我也有一个梦想，渴望自己赶紧老去，一夜之间，尘埃落定。我搬一把椅子，坐在阳台上，旁边是垂柳细花，手边是一壶清茶，窗外是暖阳和风。

我把那样的日子想象成："淡看云卷云舒，闲谈岁月静好。"

但是，现在时间越发匆匆，我已经很少再有那样的奢望。每天顶着睡眠不足的双眼，都不敢想在梦里又有什么混乱。

朋友问我："你怎么那么忙呀？"

我尴尬一笑："没办法，因为我拥有的太少，而想要的太多。"

我清楚知道自己只是一个普通人，平凡得不能再平凡。但是我依然渴望自己可以变得无懈可击，优秀到让全世界瞩目。为了这个奢望，我把自己累得一秒即可入睡。

也有朋友问我："有什么工作是我能做的吗？我想赚钱。"

我想了想："有呀，太多了，你想做什么？"

朋友："我也不是很清楚，你各个方面都给我介绍一下吧。"

于是在我一番激烈的"演讲"后，朋友轻飘飘一句："我还是不清楚自己想做什么？你觉得我真的适合做这个吗？未来有前途吗？算了，我还是再考虑一下吧！"

而每次遇见这样的情况，我都沉默以对，甚至此后无论多久，这位朋友再来问我未来要做什么事情的时候，我依然保持沉默。

但其实，你哪是不知道自己想要什么？你只是胆小且懒！

懒得去奋斗，懒得去改变、懒得去把时间浪费在有意义的事情上，懒得去奔向未来。而这个懒，别人真的治不好！

前几日在街上，遇到了一位大学同学，她三个月前刚从美国回来，以一种强势的姿态加入了现在的公司，上百万的年薪和各种股票分红。但是她的成功我一点儿也不会惊讶，即使上学的时候，她还会因为贫困，买一碗拉面还得反复斟酌要不要加一颗鸡蛋。

青春年少的我们，常常躺在被窝看小说、各种逃课玩儿游戏，考试前打印笔记临时抱佛脚，学生时代的日子过得洒脱惬意。但是这位同学和我们却大相径庭。公寓楼刚刚开门的时候，她就已经去到图书馆。晚上别人都已经放肆嗨了起来，而她戴着耳机在做托福英语。

最初的时候，我们并不理解她，甚至隐约有些排斥。直到有一次我们问她为什么要如此拼命。也是那一次询问，才知道原来她经早已给自己制定了清晰的目标，并且在此后的每一天，都在为梦想奋斗。

人在不同的年龄，会遇到不同的世界，于是有不同的欢喜和错过。就像是初中错过的游乐园，高中错过的青春懵懂。很多扇门，来了开，走了关。我们总以为，以后还会经历。但事实上，错过了最合适的年纪，你可能再也没有机会去体验了。

也许会遗憾，但真正遗憾的却是，在合适的年纪，从来不曾经历。痛痛快快地去享受那个年纪赋予自己的美好。而形成这样的原因，很大程度是因为，没有目标，不清楚自己的奋斗方向。所以，为了树立合适的目标，我们需要这样做：

分析自己的优缺点。

第一步，先自我审视，看看自己有哪些优点和缺点，以便工作中尽量扬长避短——口才不好的人就不要非盯着那些抛头露面的职位了；慢性子的人就尽量远离快节奏的工作吧。

剖析职业的性质和需求。

对自己现在的职业或是将来想从事的职业做一个全方位的剖析：这个职业需要什么样的人才？有哪些技能是必备的，哪些是可有可无的，哪些是加分项？这个职业未来的发展前景是不是符合自己的预期？

做好职业规划。

了解了职业的要求和自身的特点后，为自己的职业生涯做一个规划：针对职业的需求，自己的技能有哪些需要改进和学习，几年内争取走到什么样的位置。

把精力集中在清晰的目标上，然后竭尽全力为此奋斗，生命的意义不正在于此吗？

问题1.人生真的要制定目标吗？目标难道不会束缚住自己吗？

答：所谓的目标，只是指，对自己和未来渴望有一个明确的方向，比如确定自己喜欢文字或者摄影，了解自己想成为什么样的人。是富甲一方还是宦海沉浮。只有有一个大概的目标方向，才能将全部精力投入到正确的方向。

问题2.怎样才能将精力集中在目标上？

答：将经历集中在清晰的目标上，有两个方面，首先你需要了解自己职场的未来规划等，目标清晰，方向才不会偏差。其次需要锻炼的是强大专注力和坚持力，这二者缺一不可。只有将精力投入在目标上，才有机会到达终点。

第五章

用高效拒绝白忙

过好八小时之外的定制人生

八小时之内你是白领，是高管，是初创者。八小时之外便是属于自己的定制人生，肆意天地。如果你有梦想和想为实现它而拼搏的决心，那就不要辜负“定制人生”中的宝贵时光，活出光彩夺目的自己。

我的学长老猫曾经是腕表某奢侈品品牌的销售顾问，2011年偶然机会里，有个摄影师为他拍摄了一组照片，从此他开始对摄影有兴趣，常常会上专业的摄影网站讨论研究摄影知识。

后来遇到某杂志社的摄影师，跟着他继续学习，也与很多优秀摄影师交流，直到有一天，老猫笃定成为摄影师是他一辈子最向往的事情。

普通人会想要么辞掉工作专心研究摄影，要么蒙混过上班的八小时，将全部的精力投入到摄影中。

老猫不同，在下班后，他会学习关于摄影构图，角度补光，滤镜选择等专业知识。作为一名腕表销售顾问，他也会将摄影中的美学原理运用到工作中，通过不同角度摆放展现每一款腕表不同角度的美，分析每一款腕表最合适的穿衣搭配，并推荐每一位客户最适合的腕表，最完美的佩戴方式，也增加了客户的满意度。

更为有趣的是，通过日常对腕表搭配及光线对腕表不同效果研究，他在拍照时关于构图和光的运用技巧也直线飙升。

公司愿意吗？当然愿意，销售额直线上升，商界里当然利益大于天。甚至在一次会议上，老猫提议在专柜实行线上线下互动的方案，鼓励消费者多层次购物。老板拍板："老猫随便弄，我挺你。"

老猫利用下班后的时间实现了双赢。在一个季度后的企业表彰会上，老猫因为表现优秀，升职成为区域经理。回顾工作中的种种，老猫说自己的成功，很大部分是因为自己过好了八小时之外的定制人生。

生活中总会有人找我抱怨，现在的工作自己一点儿也不喜欢，领导对自己一点儿也不公平，想学习油画没时间去上课，要不要辞职去追逐自己的梦想等。

我统一回答："如果你连现在的工作都做不好，凭什么去拥抱更好的生活！"

要知道，当你还在不停抱怨八小时工作后的疲惫，窝在沙发上漫无目的地嚼薯片的时候；当你惊呼想做的事情总是被工作耽搁，于是迟迟没办法行动去实现梦想的时候；当你下班后感叹时光飞逝，一切行动都来不及却依然抱着手机、电脑刷朋友圈，和室友、家人聊八卦的时候，那些原本属于你一个人的自由时光就那样悄然溜走。

你现在的生活无论好坏都是自己过出来的，如果你想做自己喜爱的事情，那就不要再等待，因为热爱和激情等不起，时间和生命耗不起。

很少有人能非常幸运地做一份自己很热爱的工作，大部分人只是在领薪水过日子，不咸不淡地活着。但如果你有梦想和想为实现它而拼搏的决心，那就不要辜负“定制人生”中的宝贵时光，活出光彩夺目的自己。

但这并不是说要胡乱度过自己的工作时间。相反，做好自己的本职工作，这是一切成功的前提。

做好自己的本职工作是一切梦想的前提。

敬业是职场人最基本的素养，只有在完成本职工作的前提下，才能心无旁骛培养自己的兴趣，否则只是本末倒置。

而过好八小时之外的定制人生，最难得一点在于坚持。有太多的人，制订了大堆计划，却在还未开始实施的时候，选择了放弃。

也有一部分人，他们渴望改变，渴望去获得更好的生活。但却被八小时的工作困住，在人生路上彷徨，不知所归。于是甚至想到，以放弃现有工作的方式，去寻找梦想。其实过好八小时之外的人生并没有那么难。

要清楚地知道自己想做什么。

了解了自己的兴趣爱好，放弃为自己的懒惰找任何借口，极速地行动起来，并在发展兴趣爱好的过程中，成了自己八小时之外定制人生的“主旋律”。

所有梦想极速成长的原因，是因为它有足够的空间和实践。

如果能在下班培养梦想，上班训练梦想，这会让你的技能发展更快。换个角度想，梦想和工作并不是对立关系，而是合作关系。让新的能力再汇入老的工作，获得新收益。让下班后的改变一步步蔓延到你的上班八小时中去，在工作中兑现出价值，坚定你的信心。

对任何事情保持长久的热情，一定是因为兴趣。

因为自己对这件事产生了浓厚的兴趣，于是不在乎在结束八小时工作后继续忙碌。就好像在蜂鸟网上很多摄影师并非全职摄影，他们有的是职场人士，有的是全职妈妈，在结束一天工作之后，照顾孩子之余，仍然会抽时间学习摄影，分析拍摄技巧，保持频繁的作品更新。如果没有对摄影的浓厚兴趣，坚持这些谈何容易。

当然，如果实在找不到自己的爱好，不如选择钻研自己的本职工作。当一件事你想得多了，自然就能从中咂摸出甜味，任何事没有最好，只有更好。

这样的坚持都不会太轻松，但如果你想摆脱平凡的生活，就必须行动起来。

自律才会改变你的生活。

越来越多的上班族开始抽离自己刻板的生活，将自己的生活经营得活色生香。当然我也并不鼓励你浑浑噩噩度过上班时间，把全部的希望寄托给下班后的时间里。

毕竟你凭什么相信一个上班拖拖拉拉的人会在下班后热血沸腾地学英语；凭什么以为一个上班时开会走神的人会在下班后全

神贯注地读书做笔记？

很难想象一个没有自律的人在没有任何约束和监督的环境里，真的会比工作时更高效。

况且，任何梦想的实现都需要物质的支撑，失去工作的你，真的有能力去继续追逐梦想吗？

但无论怎样，如果你想让人生更丰富，那么一定需要去看一看各地美景；想实现文学梦想，则需要读书做笔记；想拥有自己的一家甜品屋，需要了解经营、甜点制作等各方面知识。你想成为什么样的人，就一定要去学习什么。别妄想立刻让一张白纸变成绝美的画像，做不到脚踏实地丈量从现实到梦想的距离，你只能带着“痴念”的帽子做“白日梦”。

一日三餐之外，朝九晚五之后，没有了工作的束缚，大把的业余时间属于你。它既漫长也短暂，既枯燥也有趣。你可以躺在沙发上看无聊的电视剧挥霍一空，也可以将它用来读书学习，这是最宝贵的资源。更是能让你的人生变得更加丰富有趣，甚至得到惊喜连连的机会。

请记住，八小时之内你是白领，是高管，是初创者；八小时之外便是属于自己的定制人生，肆意天地。

问题1：为了追逐更精彩的人生，要不要选择辞职？

追逐一切梦想的前提是有强大的物质基础做支撑，失去工作的你，真的有能力心无旁骛去追逐梦想吗？

并且任何追逐梦想的道路都不是平坦的，在工作中选择半途而废的你，凭什么让人相信，你在梦想路上可以勇往直前？

问题2：八小时的工作已经很累，要怎样去坚持八小时之外的努力？

兴趣是一切力量的源泉。在繁重的工作之余，依然保持旺盛的精力去做一些事情，一定是因为兴趣。而如果想摆脱平凡的生活，那么一定需要行动起来，要知道，逆风的方向更适合飞翔。

与其瞎忙，还不如提高工作效率

跳出“瞎忙”的漩涡，仔细想想为什么这么努力却还是做得不够好？提高工作效率比埋头苦干更重要。低俗的“拖延癌”是种病，要治，高效的计划性工作才是上策。

亲戚家的孩子大学毕业刚进入职场不久，每天都忙得脚不沾地，问他在忙什么，他又说不上来。每天上班第一件事就是将微信、QQ、微博、淘宝全部挂上，发一条朋友圈，回几条消息，看几件新鲜事，朋友圈有了新评论，一上午很快就过去了。

下午再把上午的事情轮播一遍，哎呀，好忙！

时间一天天过去了，领导给安排的工作都是在抽空中做的，甚至质量也很一般。有时第二天开会需要准备的会议资料，晚上下班还没准备好。

他也会很虚心地请教别人，却常常问不到点上。大量的时间都在做重复性的工作，讨论一个毫无意义的方案，做一个修改了十几次的PPT，到最后却没有任何的进展。

常常在朋友圈发“北京凌晨两点的夜晚很安静。”但你问他凌晨两点前的时间在干吗，他却可能一时半会儿答不上来。

无独有偶，我之前带过一个实习生，在我的印象中，他工作是很努力的，常常主动要求加班，每天都在跑来跑去，做各种各样的琐碎工作。他也很好学，常常会来问我一些专业的问题。但他接手的工作任务常常会出现一些问题或延迟，在完成度上打折扣。

三个月的实习期过去后，不出所料，那个实习生并没有成功留下来。

他离开的时候问我：“我明明是这一批里加班做多的，工作最努力的，为什么却不是我留下来？”

职场上这样的人并不少见，毕竟在办公室这种环境氛围中，忙碌是必需的，不忙是可耻的。然而有人是真忙，有人是装忙，也有一些人是在瞎忙。

《生命时报》曾经做过一份调查，超过百分之三十的职场人表示，自己根本不知道在忙什么。这也恰好解释了，为什么越来越多的人感叹自己整天都在忙忙碌碌，但似乎又总是碌碌无为。

已经说不清有多少人在微博上私信我，他们困惑一个问题：“职场上到底需不需要加班？”这些人中大部分是初入职场的菜鸟，却也并不缺少职场老鸟。

但，这个问题在问出来的那一刻起，就已经有了答案。真正需要加班的人，从来不会询问。因为工作会像一根小皮鞭一样，时刻提醒他继续向前。

而困惑者，大部分是受整个大环境影响，他们加班的背后隐藏着一些小心思。比如，“别人都在加班，只有我准时下班会不会显得我不敬业”，“领导还没走，我干脆多待一会儿吧”，“一下午只打游戏了，这个报告明天晨会要用，只能在单位加班了”，久之，个人时间被压缩，每天都忙碌个不停，但其实一切只是瞎忙。

很多人确实在瞎忙，忙得脚步不停，但没有彻底地解决一些问题，没有学到什么东西，工作效率不高，对工作的实际意义也不大，他们没有方向和目标地乱忙，这样的人，其实心里很茫然，无措也无知。

老舍先生曾用最写实的语言来探讨真忙和瞎忙这个问题，老舍先生言：所谓真忙，如写情书，如种自己的地，如发现九尾彗星，如在灵感下写诗作画，虽废寝忘食，亦无所苦。这是真正的工作，只有这种工作才能产生伟大的东西与文化。

所谓瞎忙，表面上看热闹非常，其实呢，它使人麻木，使文化退落，因为忙得没意义，过后回想会暗地里骂自己一句“瞎耽误工夫”。

有些事不必做，不愿做，却又不敢不做；毕竟慑于不做立马“卷铺盖走人的淫威”。而有些事明明可以尽快做好，却一再拖延，或者方法不对，于是沉疴累积。

所以当实习生问我，为什么自己最努力，却被淘汰的时候，我只对他说了一句话：“你只是在瞎忙。”

任何情况下，都不要试图用忙碌感动别人。职场是一个强调结果多过强调过程的地方。遇到问题一定要想，这是领导交给我的任务，无论如何都要给他一个结果。许多人认为，工作非常忙就意味着工作非常有效率，其实这是一个误解。忙碌并不意味着高效，而高效并不需要无休无止的加班。

跳出“瞎忙”的漩涡，有时候提高效率比埋头瞎干更接近成功，而一些小技巧能保证工作更有效地实施。

计划、专注和行动是职场的利器。

我常常会和新人说，当交代一项工作的时候，不妨用笔记下来。可以手工抄写在笔记本里，也可以下载APP软件来完成。这虽然很简单，却是最有效避免工作遗漏的方法。

规划任务完成顺序，比如将简单的任务压缩处理，利用完成这些小事带来的愉悦感，让接下来的工作变得更加得心应手。

学会离开手机，全神贯注去做一项工作；克服拖延症，预设五分钟去完成一项工作；及时去清零邮箱、微信、微博等；把需要解决的和代办事件列表连在一起。

不要吝啬你的睡眠时间。

睡眠少可能导致许多能力退化，也就是指熬夜变笨并不是危言耸听，美国军方研究表明，每天少睡1小时，持续一周会导致相当于0.1血醇水平的认知退化。

人在经过熬夜后，大脑的情绪会受到影响，无论是智商、情商，还是对情绪的控制力，前瞻性的思考能力，都会大打折扣。难道你没有发现爱熬夜的自己变笨了吗？

当然，我并不是要求大家日出而作，日落而息，不做任何追求的生活。在凌晨一点突然想起一条热门，然后开电脑，重新写；因为时间不够，蹲在马路上，抱着电脑编辑文章，这样的事情，我做得并不少。

但是职场上，并不需要漫无目的瞎忙，与其将时间浪费，不如提高工作效率。

真正的成功者，一定是用较短的时间却高效率地完成一些事，于是成功的人反而有更多的时间去做工作之外的事情。

问题1.职场是否需要加班？

加班的唯一目的是为了更优质的工作结果。加班并不是将本应尽快完成的事情，有意无意拖延，从而用加班换取心理上的满足感。真正高效的成功者，在加班中一定是在完成新的工作。而低效者，则是弥补正常工作中的遗漏。

问题2.为什么忙碌的总是你，升职的却不是你？

你的忙碌看起来只是在瞎忙。因为工作无计划，工作不专心等多方面因素，纠结在一份无用的报表或策划方案上，让你的忙碌变得低效，于是忙碌更衬托出你工作上的失败。

问题3.如何克服工作上的拖延症？

答：拖延的原因很有趣，有两个极端：需要做的事情太难，于是一拖再拖。人都有懒惰、害怕失败的本能，所以当面对困难的时候，我们很自然地就想放弃。即使不能放弃，也要尽可能地延后。因为畏惧困难，所以想尽一切地拖延。

需要做的事情太简单，于是一拖再拖。有时候，我们拖延的事情实在是简单，放手去做，也不过几分钟就能完成，但我们依然情愿把它拖到最后一秒。大概是因为有恃无恐，心里念叨着，反正很简单，到最后行动也来得及。

了解拖延症的本质，我们就可以对症下药，对自己设定奖惩制度，而最关键的一点是：马上行动！

你该换的不是工作，而是工作方式

职场上总说："跳槽穷半年，转行穷三年。"但很多东西，不是账面价值那么简单。

读大学的时候，在一场关于职业发展的讲座上，我认识了一位姑娘。讲座中场休息，姑娘坐在一边大吐苦水："你不知道现在做行政岗位多没前途，每天就是整理文件，帮老板送个文件，偶尔还要下楼拿个外卖，帮同事取个快递啥的，我一个重点大学毕业的，竟然成了一名跑腿小妹，这样的生活实在看不出前路，没激情，好无聊，重点是工资一点也不高！"

那时候我年少轻狂，不懂职场规则，于是顺着她的话茬接下去："那就换工作呗，给自己一个全新的开始。"

她侧头盯着我看了几秒，猛地抱住我："原来你也这么认为！。"

下车后我们互留了微信，没过一周，她朋友圈就更新了一条："天才也怕被埋入泥中，换一份工作，获得一次重生！"配一张生机勃勃的仙人球和一杯浓浓的咖啡。

刚开始的一段时间，我总能在朋友圈看到关于她的工作动态："新工作充满了挑战，又一次加班但充实而快乐，各种职场鸡汤，公司领导讲话的PPT"等等，正能量爆棚。

直至半年后，她约吃饭，茶过三盏后，她说："过两天我就要离开北京了，新工作在浙江，这一别不知道下一次见面是什么时候了。"

"辞职了吗？那份工作不满意吗？"

"算不上不满意吧，但是这份工作我已经没什么新鲜感了，也没有归属感。工作半年，薪酬一分没涨。领导每次开会，做的规划也都不好，但是我不是这个专业的，觉得自己根本就达不到那个目标，所以不如换一份适合自己的新工作。"

她就这样离开了北京，去了杭州，随后又换了好几份工作，每一份都超不过一年。

她在微信上说："感觉自己好失败，我的朋友都已经拿上年薪了，有的主管还比我小三岁，而我什么都不是。"

那一次，我意识到，也许我最初给的"那就换工作啊"的建议，可能是一个无比错误的选择。她该换的其实并不是工作，一定是工作方式。

五年前，如果哪家公司给我双倍薪水，我肯定会义无反顾地换工作，但是现在不会了。

职场上总说："跳槽穷半年，转行穷三年。"很多东西，不是账面价值那么简单。

我们在每个职位、每个行业中，都积累了许多的无形价值，对行业的认知、判断，人脉……而每一次的离开，这些价值都将被留在原来的职位上，这是一次无形折损。

更重要的是，换工作失去了在原有职位上继续增值的机会。每个行业都是金字塔形的，拥有最高回报的，一定是金字塔尖上那一小部分人。

换工作则意味着从金字塔中部，换到另一座金字塔底部，也许账面上多了一些钱，但失去的可能是更宝贵的时间成本。

换工作带来的也许是短暂的价格提升，但长久的价值提升，只有专注工作下的持续积累。

如果一份工作，并不能让你继续快乐，或者难以满足你的物质和精神需求，那么不如先从自身做一些调整。

工作的价值不仅仅在于工作本身，更在于做这份工作的人，在于这个人如何在职位上调整自己。如果你的工作伤害到了你，换工作不如换工作方式！

一个人的工作真的会被专业捆绑吗？领导做的规划真的只是一碗喝不到嘴里的鸡汤吗？那么多可以自学的技能，比如视频剪辑，比如新媒体运营技巧，比如财务的简单知识，你真的想过为自己增添一点砝码吗？

我们总急着逃离一份工作，却被自己的工作方式困于高墙之中。让工作给自己更高的回报，从来都不需要重新开始的。

如果工作不能给你预期的回报，那么不如先从几个方面改变自己。

每天早上班半小时。

虽然公司有上班时间的规定，但我们最好要比领导早来一点，若实在摸不准要提前多长时间，不如就提前半个小时。半个小时，等大部分的人来了，我们已经把手头要做的事情全都梳理好了，工作效率自然就会提高，即使碰到急事，也不会手忙脚乱了。

桌面整洁有序。

谁都无法想象一个桌面到处是垃圾的人，是如何认真工作的。桌上物品一定要摆放整齐。除单位配备的东西外，尽量不摆放自己的私人物品，因为公司首先是老板的家，其次才是你的家。桌子凌乱不仅会破坏他对你的印象，也会对你的工作能力持怀疑态度。

和领导同事搞好关系。

职场也是一个小的社会缩影，我从来没见过一个人际关系紧张的人工作能做得多好。职场虽然没有黑暗到步步惊心，但也绝不是简单到一潭清水。而处理好职场关系其实也并没有那么复杂。

比如领导的话要听，但过分的事要学会拒绝；能力范围内尽可能多做一些事，自己多做一些，别人就少做一些，毕竟谁都喜欢给自己带来方便的人；对别人的帮助一定要有所反应，语言要尊敬，“谢谢”“您”“没关系”这些礼貌用语会让你的人缘更好一些。

努力学会一技之长。

要想在一个单位站得牢，一定要让自己有不可替代的本事。高情商固然重要，但是实力才是升职加薪的硬道理。若自己做到了无可替代，领导会主动给你加薪的，别人也只有艳羡的份。

换工作并不能解决所有问题，换工作方式才是走向巅峰的正确途径。

问题1.什么样的情况需要换工作，什么样的状况需要换工作方式?

答：了解自己想换工作的原因，才知道这些问题在下一份工作能不能解决。比如工资不满意，可以申请加薪。如果工资确实低于自己的贡献，可以申请涨薪，若被驳回，再考虑换工作不迟。

若是工作不舒心，那么从人际关系、领导关系找原因，在确定不是自身原因后，尝试进行沟通，如果没有解决，再考虑离职。

但是如果一份工作没有上升渠道，那么果断离职。比如公司因为发展缓慢，不能给足够的空间发挥才能，此时就需要换个更广阔的舞台。

问题2.换工作前有什么小建议吗？

答：不要在自己的低潮期跳槽！跳槽一定要在自己的巅峰状态跳。这时候思维清晰，意气风发，容易跳到理想位置。若因状态不佳，急于离开公司，往往很难谈好薪资。

决定辞职后，果断离开。有了跳槽意向并和同事甚至领导说过，那么果断离开，因为这时候我们已经成了不稳定因素，很多重要的工作和好机会并不会交给自己，不如果断离开。

新工作不要只盯着工资。工资很重要，但是好工作并不只是工资。加班频率，加班时长，福利待遇，职位上升空间等都是职场上的隐形成本，跳槽前一定要核算好。

花点时间整理杂乱不堪的办公桌

忙碌了一天，下班时间到了！你是会迅速地整理好桌子就走，还是仔仔细细整整齐齐地收拾一遍再走？或是直接拔腿就走，哪管桌子乱不乱？

你以为这一切都并不重要，但其实就是这样一个简单的动作，就体现出了你的性格和职业素养。

下午来到工作室的时候，小熊正站在办公桌前生闷气，手上拿着一摞资料，东挪挪西摆摆，时不时来一阵噼里啪啦的响动。

我问她发生了什么事。她瞟了一眼组长办公室，小声嘟囔：

“还不是他，组里策划方案没通过，却拿我出气。”

原来小熊这组本来为一个策划方案准备了将近两周的时间，却在今天晨会的时候，被上司以数据对比不充分的理由，一票否决。

小熊组长散会后，经过她的办公桌旁，扫了一眼桌上乱七八糟的文件和七零八落的零食，忍不住又开了一个小会，重点就是办公环境的整洁度和工作效率。

小熊被批评得脸红耳赤，却因为工作身份，忍了下来。

我问小熊：“那你还不赶紧收拾了？”

小熊说得却不以为然：“谁的桌子不是这样呀？这种凌乱也是我的风格。”

其实这样的事情并不是第一次，似乎小熊的办公桌总会在特定的情况下被人提及。

工作室每年年底都会进行业绩考核，根据整体分数排出名次后，颁发年终奖。而考核中，其中一项就是同事评价。去年的业绩考核中，小熊就是在这项考评中吃了亏。

其实小熊是个很热爱生活，乐于分享的女孩，和同事之间的相处都很愉快。但是年终同事评价那栏里，小熊却被填上了“不堪重任”的标语，简单的四个字，却很轻易地否认了她的工作能力。

她私下问了一个朋友，朋友委婉地说道：“可能那些不理解你的人就觉得，你办公桌都那么乱，怎么可能有更多的精力去更优质地完成工作。”

小熊觉得很委屈：“怎么能因为一张桌子，就否定了我的能力呢？”

或许很多人都有类似的观点，“别看我桌子乱，但需要的资料一分钟就能找到”，“我那么忙，哪有时间浪费在收拾桌子这样的琐事上呢”，甚至可能还会有“我只是没兴趣把桌子弄整洁而已，凌乱才是我的风格”。

在他们看来，桌子乱点也没什么关系，并不会影响到工作。

但其实，这一切真的没影响吗？

其实办公桌就如同人的一张脸，平时桌面上的风格，就能看出这个人的个性和工作态度。

忙碌了一天，下班时间到了！你是会迅速地整理好桌子就走，还是仔仔细细整整齐齐地收拾一遍再走？或是直接拔腿就走，哪管桌子乱不乱？

你以为这一切都并不重要，但其实就是这样一个简单的动作，就体现出了你的性格和职业素养。

你的办公桌是不是经常呈现这样的状态？放着超过一个月都没碰过的文件，有的工具超过一周没用，没法立刻回答抽屉最深处藏的是什么？找要用的资料耗时超过10秒？

只要被以上问题“戳中”，就证明凌乱的办公桌已经在影响你的工作效率，你需要停下来，整理杂乱不堪的办公桌了。

也有同事会和我抱怨，觉得动手整理很浪费时间，即使收拾得很整齐，却依然找不到需要的东西。

有同事自黑，说自己有习惯性遗忘症，忘东忘西，就算记在笔记本里，也常常翻不到关键的那一页。电脑里的文件杂七杂八，资料夹连开十几个，却还是找不到自己昨天才保存的资料。

其实那只是因为你不会整理罢了。

办公桌堪称是我们的“人生战场”，这里的环境决定了你的效率和状态。

一部分的效率低来自对工作内容缺乏有效的整理。对文件进行分类整理后，不仅能在第一时间找到所要文件，保证工作不会出现停滞。另一方面，一个整洁有序的环境，会让你的心情也轻松不少，效率自然比较高。

记得年前刚升职的表姐就特别喜欢整理自己的办公桌。

有一次我问她说：“你每天花时间分类资料、整理办公桌，不会觉得很麻烦吗？”

她回答说：“恰恰相反，整理办公桌能让我的精神得到放松，在整理桌子的时候，我会对所有工作进行简单的梳理，了解工作进展，做到游刃有余。”

所以如果认为对办公桌的整理就是对物品进行收纳的话，就大错特错了。

所谓整理其实是对办公桌进行区域划分。

比如对文件进行分类，文件可以以年度、月度为顺序排列，新的文件放到前面。每个物品有固定的位置和地址，用后回归原处。

整理的目的之一就是为了让所有物品在第一时间内被使用。为了便于使用，首先要考虑的是“容易取得”。考虑发挥工作效能，整理东西时“使用频率”是一个基准。

比如物品摆放须遵循一定的原则，经常使用的东西放在容易取得的位置，偶尔使用的东西放在容易找到的位置，很少使用的东西则简单收纳起来，不必常常整理。一年用一次的就放到资料室或仓库之类的房间里。

整理办公桌的另一个关键词是“丢弃”。

据我观察，大家留在桌子上和柜子里的文件，至少有一半是没有用的，占空间是一方面，还会造成重要的文件总是找不到，降低效率。所以在这样的情况下，把不需要的东西丢弃也是一个很重要的技巧。

当然工作中的某些文件虽然未来不一定会用到，但随意丢掉内心总会有些不安。这种时候不妨给自己设置一个类似“资源回收站”的地方，把不用的东西丢在那里，不必再有“万一以后要用怎么办”的不安。并且若日后需要这份资料，直接去回收站里找即可。

所有的资料整理法则，都只是让你能更高效地投入到下一秒的工作里。古人云：“一屋不扫何以扫天下。”那么，在工作的时候连工具都无法一目了然，如何才能高效完成任务？所以，想要提高你的工作效率，改变当前碌碌无为的现状，就从整理你杂乱的办公桌开始吧！

问题1.每天需要用多长时间来进行整理？

答：整理的实际作业可分两种，对于现在东西已经多到满出来的人，首先需要“特别整理”，但过一阵子后，你就只需要“日常整理”了。当你完成一项工作之后，用两三分钟的时间，把杂乱的书桌收拾一下，这样不仅让别人看到你的好习惯，也是对大脑的一种放松。

问题2.怎样处理资源回收站的物品？

答：给物品的使用加个期限，“以后会用到”是不会整理的罪魁祸首，以一周或一个月为期限，保持物品总量不增。不用的物品即刻处理，必要的物品只留必要的量。不要囤积物品，不再需要就立刻处理。拿不定主意的就分类放在仓库里，若是这点执行力都没有怎么做精英？

发现并利用你的最高效时段

我们必须要了解自己的最高效时间段在哪里，是上午还是下午，甚至可以是晚上。然后根据分析，相应调整工作节奏。毕竟，如果可以发现并且利用好自己的最高效时段，那么我们也许就可以事半功倍！

我大三那年，曾经在北京一家广告公司做实习生。当时我们公司在业界挺有名气，老板更是求贤若渴。

后来猎头公司挖了一个美国哥伦比亚大学新闻学专业毕业

的尖端人才过来。那人也是北京人，大学出国深造，一直待在美国。不知是不是离开中国太久的缘故。

为人处世直来直去，若是他欣喜的，大书溢美之词。若是不赞同的，言辞犀利，直说得听者面若死灰，方才罢休。

这些并算不上他最特别的一面，也许是习惯了国外的工作形式，他的工作时间和我们的并不一样。

有时清晨六点一身运动装出现在大楼门口，说是一觉醒来，灵感迸发，迫不及待地要写成文案。有时下午三四点才姗姗来迟，晚上七八点一个人在办公室煮着咖啡，敲着选题。

他从来不是看着闹钟上下班，偶尔办公室全员都在加班，他一个人当着老板的面悠然离去。弄得几次，老板都尴尬不已。

可是结果怎样？老板在他面前是最没老板架子的，不管他提出什么意见，老板都会耐心倾听，仔细了解宣传活动中需要的每一个细节。事后老板还会自嘲："越优秀的人越有脾气，身为老板，要有容人之量。"

办公室特权一贯是最让员工愤恨的，但是对于他工作时间的特权，大家竟一致沉默，甚至他在单位的人缘还很不错。

大家有什么工作难题，如果去找他寻求帮助，他一定精、准、狠地指出工作误区，甚至还会找出几个传媒界的经典案例，然后提出两三套优质方案。不少同事被他才学折服，恨不得拜他为师。

但其实，他刚来公司的时候，并不是这样平顺。最初的几次，老板想让他和大家的工作时间保持一致。但是他在会议上直接说："作为一名创意工作者，我了解自己的最高效时间段在哪里，若是灵感如干涸泉水，让我枯坐在电脑前八个小时，也不过是徒然无功。但若是灵感骤然而至，全身血液如水沸腾，但因为已经下班而就此放弃，我也会寝食难安的。"

后来几次，果然印证了他的说法，偶尔我们早已下班，他一人在公司，彻夜不眠，第二天大家发现某个困扰全部门将近一周的难题，竟被他巧妙化解。

他就仿佛电影《Three Idiots》里兰乔作为和周围同学格格不入的存在，却总能巧妙化解各种难题。以前我还觉得这是主角光环，仅仅适用于那些特别强大或者优秀的人。可我发现。对于我们这种无论是智力还是情商都只算得上平凡的普通白领而言，他身上的某种精神同样适用。

我在某次同事聚会上，恰好和他坐在一起。他豪情地喝了一大口啤酒后，说："我知道你，你工作很努力，但是你明明可以做得更好的。"

我在一旁听得触目惊心，过了三四秒缓过神后，才敢小心翼翼地问："难道我工作有什么问题吗？"

"没什么大问题，但是，若你能找到自己最高效的工作时间段，并且利用得当，你的成就会比现在高三到五度。"

我在一边做出一副恭听教诲的模样，内心却存了几分不屑，偷偷在心里嘀咕："我又不是你这样的大神，可以不顾时间制度，我在框架里舞蹈，自然会多了许多束缚。"

然而却听到他说："我观察你做事和办公室的其他人一样，

保持了永远不变的步伐，比如都是上午分析市场报表，下午写文案策划，但是每一次你在晨会上都是妙句频出，下午反而木讷不少。如果你把这两件事换换顺序，结果也许会变得更好一些。”

一句话，却如惊雷，我的耳垂瞬间变得通红，不得不承认，我为了与整个大环境保持一致，并没有去分析自己每天的精力分布点，甚至对自己的了解还没有他透彻。

我总是自欺欺人一般，说什么自己只是一名普通白领，做不了特立独行，但其实，如果做不了顺从最高效的时间段，却可以为自己在有限的时间里创造一个高效的90分钟。

比如选定一个主题。

没有目标，今天一榔头明天一棒槌肯定不行的。我们需要圈定一个清晰的主题。这样所有的思维方式才会时刻围绕着主题转动，工作也才能更有效率。

我们选定的主题可以是工作上的一个项目，也可以是一个更宽泛的话题。如果你也是做宣传文案工作的，甚至可以依托社会热门话题。

列出具体行动步骤。

围绕主题，在做出目标规划后，我们需要一个详细的行动清单，并不是所有的人物都需要这种清单，比如那些再清晰不过的目标，那些接下来要走的每一步都了然于心，我们必然是不需要的。但是对于那些我们并不确定如何去实现的目标，那些不熟悉的项目，我们最好还是头脑风暴一番，列出行动步骤。

给自己营造一个零干扰的环境。

在自己所谓的高效时段里，我们要保证尽可能不被任何事物或情况打扰。

这个零干扰的环境，一方面来源于自己，可以将手机断网，关掉一切闲杂电子用品等。另一方面，我们甚至可以提前和朋友、家人做一个简单约定。告诉他们在接下来的90分钟里，自己将完全没空。如果可以的话，甚至可以锁上房门。

当然对于工作环境，没办法做出彻底零干扰，但我们依然可以尽可能去实现它。毕竟如果能确保自己绝对不会被任何因素打扰，那么自己就更够更专注，也就更高效。

最后，对自己的精力和工作效率做一个简单的分析和总结，我们必须要了解自己的最高效时间段在哪里，是上午还是下午，甚至可以是晚上。然后根据分析，相应调整工作节奏。

毕竟，如果可以发现并且利用好自己的最高效时段，那么我们也许就可以事半功倍！

提问1.发现自己的最高效时间段，有什么显著成效？

答：在最高效时间段里，我们可以快马加鞭地完成工作，从而留出更多的自由时间，来换取自身的精神自由。当然在这些高效时间段里，我们脑子要转得快，身手要够灵活。如果在最高效的90分钟里，我们的行动减缓了，那么不妨想象自己正处在一场激烈的比赛中。务必让整个90分钟都保持高强度的节奏，90分钟后，我们有的是休息时间。

提问2.如何更高效地投入到高效时间段里？

答：拒绝走神，如果文章中都是用技巧性的方式，保证自己可以高效完成工作的话，那么至关重要的一点是，拒绝走神。在最高效的时间段里，我们只能做预先设定好的工作，心无旁骛，90分钟里，不要查邮件，也不要“喝杯咖啡提提神”，不需要饿了吃点零食之类的借口。从内而外，全身心投入！

利用好你的碎片化时间

你不是没时间，你只是在浪费时间。

改变就从现在开始，分类你的碎片化时间，制订计划方案，做一切你想做的事情。你会发现，所有你想要去的远方，就藏在每天的碎片化时间里。

前几天下班拼车回家，撞着了一个特爱唠嗑的专车师傅。

师傅皮肤很黑，两句话结束必然会来几声大笑，说起话来响亮而又迅速，一会儿问我每个月工资多少，一会儿跟我大谈房价形势，反正我也没啥事，就陪他瞎掰了一阵。

后来他可能觉得光和我扯也没意思，把目光转向了坐在副驾驶的那位姑娘。

姑娘看起来很年轻，大概二十四五岁的样子，画着精致的妆，歪歪地坐在座位上，偶尔打两个哈欠。

师傅见她的手指不断摁着手机屏幕，歪头一瞧是在玩儿一款消消乐游戏，于是问姑娘："小丫头做什么工作呢？上班不算忙吧？"

姑娘一脸茫然地抬起头："您是在跟我说话吗？我的话，每天忙得要死，连多睡一个小时的时间都没有。"

师傅诧异地看了姑娘一眼，皱着眉摇摇头："这哪能啊，我看你下班回家一点儿文件也没拿，坐车半个多小时了一直玩儿游戏，怎么可能忙得没时间睡觉。"

姑娘说："坐车无聊嘛，其实年初的时候我就计划考个驾照，但都到年尾了，还是没时间去看看书；春天想去南方旅游，结果现在都冬天了，还是没时间出发；每天上班七个小时，但是花费在路上的都有三个小时，聚会、吃饭、等人……那么多事情占据了我的时间，怎么还有空闲去做别的事情呀。有时候我真的恨不得辞职回家，专心致志做我想做的事情。"

师傅听完后倒是静下来了，三十秒过后，给了姑娘一击猝不及防的心灵伤害："姑娘，你不是没时间，你只是不会利用碎片化的时间啊。"

空气凝固了十分之一分钟，姑娘带着一种迷茫的笑容说道："也许是吧，但时间太碎了，我根本粘不起来。"

很多人都认为，因为工作、生活等因素，我们的时间被碎片化了，从而导致时间使用效率不高。

所以常常会有人抱怨："时间太碎了，让我少做了很多事情！"

我们都知道，碎片化时间一定有它们共同的特点，比如它们出现的情景多样；虽然时间分布零碎但累加起来却是量大；在碎片化时间里，可用的工具大多是手机或者书籍。

比如说在排队等一顿午餐的时间，上下班等公交车的时间，排队购物的时间……这些时间遍布我们的日常，单调而零碎，如果能把这些时间整合起来有效利用，我们每天就能多出三个小时有创造力的时间，一年相当于多出了一千小时。

碎片化时间这么多，却常常被我们浪费，很大程度是受时间零碎和所处环境的限制。面对大部分的碎片化时间，我们因为无聊或者内心的懒散，玩一会儿游戏，刷一下微博，随意就把时间浪费了。

我们虽然常在时间的废墟中呐喊，烦躁因为碎片化时间里的无所事事，想改变自己，却仿佛无计可施。

所以如何完美利用生活中常见的碎片化时间，成了改变现状的关键。

给碎片化时间进行分类。

最简单的方法是，将碎片化时间按照出现情景不同，分为三类：上下班路上的时间，等人和排队的时间，候车和候机的时间。

上下班的路上，身边的环境一般会比较吵，比较乱，如果你还要坐地铁或是公交就更是如此了。所以在平时上下班的路上，推荐大家可以利用手机网络听一些直播课程，或者思考一些工作中的问题。

充分利用好每一段碎片化时间。

利用这样的时间为自己的工作和生活做一个大概规划或者小总结，那么当时间充裕的时候，就不必再次划分时间做这样的小事。

如果路上的时间比较久，也可以根据自己的需求和兴趣爱好，提前下载一些课程，准备随时收听。

同样的路上半小时，我们就比那些只是刷娱乐八卦的伙伴，多了一节课的时间。

每天我们会因为赶饭点，约朋友吃饭，等朋友聚会等各种事情排队等待，于是产生了大量的碎片化时间，这些时间是完全属于我们一个人的，这时我们可做的事情也不少。

这样的排队时间，我们可以看各种交流平台上的资讯，或者公众号上的文章；甚至可以看一些欧美电视剧等，练习英文口语。

简单计算一下，如果一个人每分钟可以阅读三百字，在排队的二十多分钟里，就可以阅读六千多字，那么仅需一年就和不阅读的人拉开了不小的距离。

生活中还有大量的碎片化时间，例如煮饭的间隙，等洗衣机工作结束的四十多分钟，等一档节目的广告时间……我们完全可以做一个简单的方案策划，写一张工作报表，总结工作进度等。

所以不必去抱怨自己忙得没时间，改变就是从现在开始，重视你曾经浪费的碎片化时间，做一切想做的事情。把碎片化时间分类，给自己的碎片化时间制订一个使用方案，用琐碎的工作或学习把时间粘起来。

当有一天，你真正做到把碎片化时间有效利用好后，你会发现，所有你想要去的远方，就藏在每天的碎片化时间里。

问题1.上班已经很累了，如果其他时间还要这么努力的话，人生还有什么乐趣呢？

答：有多自律，才能有多自由。如果你想比别人更优秀，你想看到别人看不到的人生风景，那么你必须比别人更自律，更努力！

生活中有太多时间被碎片化，如果你不把这部分时间有效地使用起来，那么你的人生将被时间黑洞吞噬，自己的时间会在你的无知无觉中流逝殆尽。

问题2.碎片化时间利用计划需要怎么拟定？怎样才能坚持下来？

答：其实一开始就给自己设立非常严苛的要求，非常不利于习惯的养成。

建议在培养习惯的初期，先给自己定一个小的目标，例如：路上只认真听十分钟的音频课程，排队时只认真看两篇高质量文章……当你在培养习惯的过程中收获了好处，你自然就会继续投入，更长时间地收听音频课程和看更多的高质量文章，并逐渐建立起这样的习惯。

所谓行动不只是说说

优秀者总是去做，我们总是在等。

前几天我去参加了一场同学会，席间大家聊了毕业这几年过得怎么样，未来又有什么愿景。老同学大多过得都很充实，也都在计划着忙碌的未来几年。但几圈酒下来，不知道谁嚷了一句："咱们要不说一说自己这几年哪些计划没完成的吧？"

本来喧闹的酒桌，一下子安静了，随后十几个人开始说那些一直没来得及完成的计划，比如原本计划毕业旅行，转眼就忘了；健身、工作、阅读等目标列了一大堆，回过头看大部分都没能完成；要减肥，三四年了体重有增无减……年度计划列了又写，几年糊糊涂涂地就过去了。

我们很多人都曾有过这样的经历，往往在决心要做一件事的时候满腔热血，恨不得把所有的精力时间投入进去。但吃一顿饭，休息一晚，又什么都忘记了。那些计划好像秋日晨起白雾，阳光一来，全散了。

我们总喜欢说，"水到渠成"，"顺其自然"。但顺其自然潜台词代表这事算了，水到渠成只会越来越差。很多人总喜欢抱怨，时机永远不成熟，我的能力还不够，还需要再积累，等到合适的时间再做吧。

优秀者总是去做，我们总是在等，要知道，最好的时机就是现在！

“如果我们真的能回到过去，你想做些什么呢？”

当有人问我这个问题的时候，我内心还揣了一点小心思。我怕钻入他的文字陷阱，怕在“如果”这个环境里有遗憾。

所以我在回答问题前，做了一个假设：比如，我所谓的回到过去，一定要回到某些生命转折点之前，若是三分钟前，那都不算。我需要回到的是高考前，大学毕业前，房价上涨前，互联网经济没辉煌前，股市辉煌前……回到我曾经错过的那些好机会前。

其次，我要抱着“剧本”回归，自带主角光环。

没想到朋友虽然诧异，但还是同意了这些匪夷所思的前提：“可以，如果让你带着记忆回到大学刚毕业那一年呢？”

我第一时间，哈哈大笑：“那还等什么，我随便来几个动作，就已经金光闪闪了好么？”

朋友问：“比如呢？”

我回答：“等我赚钱，第一时间买房、炒股、做直播！”

朋友摇头：“不，你什么也改变不了。”

“为什么？”

“因为你依然还是选择等待，于是依然会错过原本错过的。”

很多时候，我们需要的不仅仅是说说，而是行动。不再奢求一切可以从来，过好当下，毕竟当下就是下一次的过去。

想做什么就去做，而不是原地等待。

但如果行动总是跟不上自己的大脑怎么办？所有的想法只停

留在说说？

你需要被逼一下。

当生活这只猛虎在背后伏击猛扑时，你只能跑，竭尽全力地跑。

从小到大，我对一切新鲜事物都有浓烈的好奇心，但却不能长久。比如，为了画一幅丹青，买了一堆画具，却连一幅水墨都没完成便不了了之；练习瑜伽，健身卡办了一张接一张，但去的次数寥寥无几。后来生活压力越来越大，逼得我必须坚持做点儿什么。

当我决定去做健身教练的时候，对这个行业也仅仅一知半解。但为了那些课时费，我用了一个月的时间，记忆身体每一块儿肌肉的名称和锻炼方法。

在这一个月里，我参加营养学培训，记住每一种食物的热量以及蛋白质含量。每天有三四个小时泡在健身房，拼命地做有氧运动，降低体脂含量。

我发现，自己已经很久没有这样坚持做一件事情了。在坚持了一个月后，我成功成为一名兼职健身教练。直到这样坚持了半年后，即使我不工作，仅靠一份兼职就能养活自己。

坚持这件事需要和靠谱的人一起做。

很多时候，和一群不靠谱的人在一起，自己也会变得不靠谱。

但如果，我们身边常常围绕着一些靠谱的人，他们遇事总是雷厉风行，有极强的坚持力，那么自己的行动也将有所坚持。

我曾经加过一个写手群，我们一起打卡。上百人的群里，一个月后，依然在坚持的只有那么几个。但这已经足够，我们每天打卡的时候相互鼓励，在想放弃的时候传递正能量。

那段时间，无论多忙多累，一定要打开群，看看他们说了些什么。在这样的影响下，我坚持了200多天，虽然后来没有再坚持，但那对我来讲，已经相当了不起了。

别害怕，分阶段去完成一件事。

许多人有一个毛病，就是太想去做成一件事。因为太想，所以害怕。害怕出师不利，害怕失败。勇气和耐心被消磨殆尽，最后梦想也没了。

有些人想减肥，但往往给自己制定了一个短期内不可能实现的目标。虽然自己很想实现，但目标很遥远，天天看着自己一身赘肉愁眉苦脸。每次看看目标上的体重，再看看体重秤，热情就被打击一点。最后终于选择放弃，于是那些减肥计划最终没实现它的价值。

所以，所有梦想都要分阶段去完成，不能用力过猛，否则就会得不偿失。

当制定了目标，发现完全没有动力去完成的时候，不妨检查一下是不是目标定得太不切实际。有时候，目标定小一点，反而能够增强自信心，为继续下一步做准备！

想放弃的时候，不如喝点儿鸡汤。

我们不是神，每一个人在遇见挫折、迷茫、困顿的时候，都曾有千百个理由放弃。这种时候，唯有鸡汤、用温和的鼓励，代替继续前行的动力。

哪怕是一本成功学专著、人物传记、甚至是一部励志电影，只要能给你的心脏重新灌入活力，找到人生努力的方向。

我的一位朋友曾经赌上了全部资本做投资，最后失败告终。那段时间她萎靡自卑。直到某天我再见的时候，竟发现曾经光彩夺目的她终于回归了。原来她迷上了一位偶像，在刷过偶像的新闻，看过关于偶像的报道之后，竟然有了继续奔跑前进的动力。

就像是生命中的光，向着光亮那方，就是梦想的模样。

优秀者比我们多的不仅仅是运气，更重要的是一份坚持，一份即使遇见挫折也不放弃的坚持！

所谓行动不仅仅停留在说说，当自己发自内心去想要改变自己时，还有什么是做不成的呢？

问题1.做事三分钟热度，从来难以坚持？

答：克服三分钟热度需要你的毅力和恒心，若这些恰好是自己弱项的时候，不如给自己设定压力，提供威胁。有一个段子，说自己这辈子坚持最长的事情就是每天吃饭。如果不吃饭，生命就不能继续。

所以吃饭这件事能长久的坚持，在习惯下的另一个因素是它本身能提供威胁性。

所以，不妨给自己要完成的事情，设定一些惩罚制度。如果我们给自己提供一些带有威胁性的心理暗示，告诉自己："如果你不努力，你最讨厌的人也能鄙视你。"这时候，往往我们就会抬起椅子上的屁股，行动起来了。

问题2.行动总是流于表面，最后时刻，匆忙结束，没有质量的坚持有用吗？

答：没用！没有质量的坚持就好像一个木匠，原本需要在一百天内完成的木床，仅用了10个小时完成，看似完成的背后，是对目标的敷衍了事。

梦想，不仅仅是需要行动，更需要高质量的行动！

管理时间，也需要管理能量

没有产生价值的努力不值一提，不要耗费时间、体力做无用功来感动自己。

早有研究指出，会管理时间的人，赚得更多。

美国有项研究报告指出，会管理时间，一切事情安排井然有序的人，不仅薪水比普通人多，升迁的可能性也更大。

甚至还有量化结论，时间安排紧张、生活混乱的人比普通人平均要少领19%的薪水。而有效管理时间后，相对自由时间多出1小时，薪水平均上涨3%到6%。

一个能计算出自己在穿衣、吃饭、出行上面花费多少分钟的人，与在工作中，把所有工作都提前安排好的人，很可能是同一个。

一个能用40分钟耐心守一锅红豆粥的人，与职场上1个小时高效完成一份PPT的人，很可能是同一个。

反之，一个清晨来不及洗漱，匆忙赶去打卡的人，与工作上拖拖拉拉，得过且过的人，很可能是同一个。

一个对任何事情都显得疲倦，毫无快感的人，与上班就困，下班就熬夜的人，很可能是同一个。

职场上更欢迎细致、自律、得体的人，因为他们除了会管理自己的时间，更会管理自己的能量。

千万不要小看一个又忙又能高效完成任何工作的人，因为这样的人不是一般地有出息。

许多所谓“成功人士”的时间，往往会被安排得满满的，绝不浪费。他们都希望在最短的时间里，做完最多的工作。就如很多职场人，每天坐在电脑前，开不尽的会议，审不完的报表，讨论不出结果的方案……每天十几个小时，耗费在电脑前，根本不可能正常吃饭。不是随便叫个外卖匆忙填饱肚子，就是忘记吃饭，长时间无法与家人共进晚餐，睡眠不足，最后身心俱疲。

这一切仿佛已经成了“成功人士”的生活常态，如果哪天没有事情可以做，没有应酬聚会参加，仿佛整个人生都灰暗了不少。

但是这样通过延长工作时间、透支身体的方法来应对日益繁重的工作任务，并不是长久之计。这些“成功人士”都不约而同地告诉我们：为了在工作压力面前挺住，他们把自己的发条越拧越紧，感觉就要崩溃了。

所以延长工作时间并不可取，毕竟时间是一个有限资源。

相比之下，能量则不同。每个人因其身体、情绪、思想、精神不同，产生的能量不同。如果能在有效管理时间的基础上，管理自己的能量，更合理地安排工作，提高工作效率，实现真正的高效人生，那么生活也会由此焕然一新。

人的能量包括四个基本层面：身体、情绪、思维、精神，每一个方面都可能引起能量的波动。好身体才有高能量。营养不良、睡眠不足和缺乏运动等，都会降低人的基础能量水平，降低大脑运行速度，削弱对情绪的控制力以及专注力。而糟糕的情绪会混淆大脑对事件的判断力，萎靡的精神状态会让事情事倍功半。

所以，我们在传统的时间管理的基础上，还需要做的是能量管理。

毕竟在现在这个时代，时间管理再不是无懈可击的解决方案。我们把每一分钟都安排得完美，上紧了发条，最后却因为能量不足，彻底垮了。

每天的时间是固定的，但是我们所能动用的能量却非常有限。

前一段时间，我为了赶一份方案，连续熬了三个通宵。方案上交后，整个身体倍感疲倦，做任何事情都提不起精神，困倦到浓重的黑咖啡都无法拯救混沌的大脑。只能眼睁睁看着代办事项越积越多。

这种时候，任何管理方法都白搭，不如恢复精力。

不得不承认，有些人通宵熬夜做出来的方案往往比不上精力充沛的时候三个小时的工作质量。

没有产生价值的努力不值一提，不要耗费时间、体力做无用功来感动自己。

那么如何管理能量，过好真正的高效人生呢？

所有计划，要张弛有度。

每个人的生物钟都不一样，有些人习惯早睡早起，清晨的安静时光，恰是他思维最活跃时的状态。有些人也只会在夜深人静的时候，才文思泉涌。所以根据自身情况找到自己的节奏，在精力充沛的时候冲刺式完成，在状态不佳时，适当休息。

例如我精力相对充沛的时间是上午，在同样工作量的情况下，如果上午快马加鞭的完成一大部分的工作，那么下午的时间就会变得很轻松，甚至还能做出一些好的创意来，下班还有心情去健身房运动一下。

但如果上午的时间我浑浑噩噩度过，工作堆积到下午，就会异常紧张，甚至还要加班才能完成进度，更不要想运动。回到家，整个人瘫在床上，手指头都不想动一下。

任何人都不可能24小时保持激情状态。

为什么拖延症难治？因为贪婪、懒惰是人的天性。违背天性去做任何一件事情都是对自己意志力的消耗。而很多人意识不到这一点，总是把自己的意志力浪费在不必要的地方，于是在别处难免后劲不足。

所以，我们需要适当地放过自己，对那些不太重要的事情，适当放手。万事不能苛求完美，毕竟人有七情六欲，加上其他的外部因素影响，很多事情都不能百分之百地掌控。

原谅自己偶尔的不作为，反而是一种积攒能量的表现。

建立个人能量管理模型。

必须要承认，人在一天不同的时间段中，能量水平是不一样的。你首先要做的就是划分出你的“优质、中质、低质”时间段，之后才能将不同难度的事情安排到不同精力水平的时间段中去。

而后根据这个时间段的长短，来安排工作及生活。

高效人士一定是时间管理和能量管理的结合，用最充足的能量，在对的时间，做合适的事情。

提问1.时间管理和能量管理哪个更重要？

答：时间管理和能量管理，其实并不相悖。他们反而如一辆车的前后轮，两者相互配合，才能发挥到极致。通过时间管理，我们有更多的时间去完成更多的事情，生活会变得井然有序。而能量管理，可以帮助我们在相对较短的时间内，高效高质完成任务。

提问2.无论怎样管理，时间和能量总觉得不够用？

答：我身边就有这样的一个人，作为一个完美主义强迫症晚期的患者，阿颜常常会压抑不住体内旺盛控制欲的洪荒之力，偏偏生性爱折腾，想做的事情特别多，一天恨不得能有48小时。所以在时间管理上尤其锱铢必较。但每次总有外在因素无法完成，久之，备受打击，反而再也不进行时间管理。

其实这时候，阿颜最应该做的是，放松，给自己一点空白，所有的时间管理和能量管理只是让我们有限的时间变得更游刃有余。

第六章
不过白忙的人生

谁的光芒背后不是咬牙死撑

我们看到的风光无限之下，都藏着鲜血淋漓不能痊愈的伤疤。那些鲜花掌声背后，又有多少不为人知的心酸无奈。

所有人都只是普通人，那些看起来自带光芒的人，也不过是比普通人更会努力罢了。

前段时间网络上流传着一段热门视频，那是一个关于“交女朋友是否会考虑她的外貌”的街头采访。

结果在给被采访者打马赛克的情况下，八九成的男生都选择“必须考虑”。而有一位男生回答得很幽默，他说，“我交女朋友只要合得来就行，不过我只和好看的合得来。”

可能你会觉得他们很虚伪，喜欢漂亮的女生直接说不就好了，为什么还要冠冕堂皇地说一堆理由。

但，其实对于男生来说，所谓的好看真的不仅仅是长得好看。

我家楼下有一间小小的蛋糕房，店长小若今年二十六岁，未婚，无男友，甚至是从未有过男朋友。每每谈论起她没有男朋友的原因，小若总是满脸尴尬。有时候她也会沮丧，扯着我问：“男人不喜欢我，是不是觉得我不好看？”

我认真端详了下小若，虽然算不上美女，但脸的轮廓还算精致。素颜，皮肤有些干燥，因为做蛋糕，头发被一根橡皮圈紧紧地扎在了脑后，整个人看上去就是很普通的样子。

这些并不算糟糕，令人退避三舍的是她一米六八的身高和二百斤的体重。无论站在哪都像是一座移动的小山。

我有些犹豫，但还是忍不住问了一句："你为什么不考虑减肥？"

"我试过各种方法，但根本瘦不下来。"她一脸沮丧。

"为什么不报个健身房或者美容会所？"我又问。

"我没时间啊，每天的工作就已经很忙了，已经没时间去做减肥这些事情了。"

"也许王子正在打马而来的路上呢，而你只是需要趁这段时间把自己变得更美好。"我打趣道。

不得不说，一个人的外表往往出卖了她的生活状态和生活方式。

我们常常会抱怨别人的以貌取人，但却不能否认，哪怕是自己在看到别人的第一瞬间，也是从穿衣、举止、说话等这些外在来评判她背后的教育和修养。

毕竟，没有谁有义务透过你粗鲁的外表，发现你岁月静好的灵魂。

对自己都不负责的人，又怎么要求别人对你负责呢？

小若其实减过肥，撇去每天早起晚睡忙碌蛋糕房那一堆琐事不提，她也曾每天只吃一顿饭，下班后疯狂运动，为避免过多的热量摄入，聚会从来不敢参加。一个月后，她瘦了二十多斤，但是脸色蜡黄，双眼无神，眼白泛浊，眼带血丝。甚至因为休息不好，焦虑、混乱、失眠等各种麻烦缠身。而更让她崩溃的是，减肥后的体重反弹。这样折腾了三四次后，她已经不想减肥了。

“你若盛开，清风自来。”我一直告诉身边的朋友，只要我们努力了，付出了，把自己变得越来越好，那么面包会有的，爱情也会有的，我们要让自己的生活变得充实起来。

但是也要清醒地知道，没有什么成功是一蹴而就的，减肥不仅仅是绝食那么简单。

刘嘉玲说“减肥是女人一辈子的课题”，女人对于身材的管理异常严苛，但是依然有许多女人并不会减肥。她们认为，胖了就少吃点甚至不吃，瘦了就放肆嗨，有了反弹就沮丧甚至完全退缩，殊不知，减肥这件事真的有诀窍。

给自己制订运动计划。

减肥一定是饮食和运动的有效结合，制订计划能让你在减肥中，遇到瓶颈后，继续坚持。而这份计划的制订也一定是有氧运动和无氧运动相结合。计划的制订是阶段式的，运动量逐次递增。

减肥初期侧重有氧运动。

可以进行跑步、爬楼梯、跳健身操等方式，加快脂肪燃烧。减肥后期则侧重无氧运动，做抗阻训练，增加全身的肌肉含量，当肌肉含量增加后，全身代谢速度变快，减肥将事半功倍。

保持充足的饮水量。

水能抑制食欲并有助于促进人体的新陈代谢。减肥期间的喝水有三个时间点，醒来喝第一杯温水，唤醒肠胃蠕动。上午和下午时各喝两杯水，有助于身体新陈代谢。饭前一杯水，增加饱腹感，减少热量的摄入。

站起来，动起来。

减肥不能懒惰，能站着一定不要坐下来．任何让你身体舒适的姿势，一定是增加身体赘肉的方式。吃完饭后别立刻就坐着，看电视时别瘫在沙发里，饭后一个小时内进行一段长距离的散步。

保持充足的睡眠。

熬夜初期也许会让你变瘦，但是长时间熬夜，不仅不会瘦下来，反而会影响体内的荷尔蒙平衡，导致食欲增加，脂肪含量增长。

务必不能节食。

对于现代女性节食减肥丝毫不陌生，但节食减肥效果惊人的背后，隐藏着反弹的巨大风险。长期节食也会使身体缺乏必需维生素、微量元素的摄入，基础代谢率降低，反弹率加大。

坚持，坚持，再坚持。

当体重不再减少，就当作自己不必再去努力甚至放弃的借口，其实你最需要的就是坚持！

所有的减肥都不是一蹴而就的，所有的光芒背后都有一段咬牙死撑的时光。遇到点挫折坎坷，就把自己塑造成痛苦不堪的模样，遇到点小小波澜就消沉放弃转而否定自己。

要知道，我们看到的风光无限之下，都藏着鲜血淋漓不能痊愈的伤疤。那些鲜花掌声背后，又有多少不为人知的心酸无奈。

所有人都在用力奔跑，不是只有你在负重前行。

我们总是感叹女神的光彩夺目，似乎永远都是那么光鲜亮丽。但哪有生来自带光芒的人，所有的在舞台上被仰慕的光芒，都只是台下角落里一个人的咬牙死撑！

我们总会遇到人生的低谷，似乎在黑暗的地下河流里走得太久，找不到出路。我们信奉“只要努力就会有收获”的格言，于是埋头向前奔跑，疲倦不敢休息，受伤不敢放弃，内心再沮丧也用微笑来掩饰过去。

但，我们也要知道，错误的努力也只是浪费时间，技巧的坚持才是成功的关键。

谁的人生不是鲜血淋漓，哪有人天生幸运。

愿你不将就现在，不迷茫未来，不浪费时间，咬牙死撑过后，才是光芒万丈的岁月。

问题1.关于减肥，两周后体重不再减少，甚至有隐约增长的趋势?

答：许多人在减肥过程中都会遇到这样的情况，为什么每天锻炼，控制饮食，体重却不再减少？你要知道这是身体给你进行下一阶段减肥的信号，这并非是减肥瓶颈期，反而是突破期。你需要做的是加大运动量，减少热量摄入，一周之后，体重必会减少。

问题2.只做有氧运动和控制饮食可以吗?

减肥这件事一是看体重，二是看腰围、腿围等数据，三则是留意全身肌肉比重。有氧运动会帮助你体重的减少。但对于后二者，只有增加无氧运动，增加全身肌肉含量，才能有效控制体重，达到真正的减肥效果。

问题3.每天很忙，怎样才能减肥?

答：并不是让你把所有的时间都耗费在这一件事情上，减肥是生活日常的一件事情，如同吃饭、睡觉一样简单。在日常饮食中注意营养和热量的摄入，保持一个良好的生活习惯。每天抽出一个小时来运动就可以。可以说用对了方法，减肥只是你的生活本能。

总有一天会有人为你鼓掌

做自己想做的任何一件你认为快乐的事情。如果你希望自己这一生中，所走的每一步路，向左，向右，停下来的每一个脚印，都在回首时变成诗句的话，就踏踏实实得走好每一步。

《这个杀手不太冷》里，玛蒂尔达问，生活是否永远艰辛，还是仅仅童年才如此?

里昂的回答是：总是如此。

不知道从什么时候开始，加班成了工作的一种常态，下班后去烧烤摊点一点烧烤，再要一杯啤酒，日子似乎就一直这样惬意的生活下去。

在我家楼下有一家烧烤摊，摊主是一对90后小情侣。他们常常在下午四五点的时候就开始整理摊位，把要烤的肉和蔬菜串在一起，然后就开始不停地烤、串，一直忙到深夜没有了客人才回家。

生意还算可以，但是对于两个年轻人来说还是有些累。

有一次晚上十点，听摊主女朋友委屈地抱怨："老公，我累了，这样的生活什么时候是个头。"

她男朋友一边给她打扇子，一边软言安慰。但很多时候女孩子的情绪上来，就像坏掉阀门的水龙头，根本收不住。

很快就见女朋友把手上的钎子丢在了一边，蹲下来哭了，边哭边抱怨："为什么她们可以去西餐厅吃牛排，我却连吃几根烤串都舍不得？为什么她们可以去喝高档的咖啡我就得在家灌凉白开？为什么她们花几千块钱买包包，我连一百元的衣服都舍不得？"

我曾在网上见过一个问答："你在什么时候感觉到贫富差距？"

绝大多数人的回答只是在感叹，在埋怨：为什么有的姑娘不仅家境好，人长得美，甚至还有一个深情爱她的男朋友？为什么同样的年纪，自己就一无所有呢？

但其实绝大多数情况下你必须竭尽全力，才能看起来毫不费力，那些拥有彪悍人生的姑娘，都曾经有咬紧牙关的灵魂。

大学毕业后我的第一份工作是在某网站做一名文字编辑，大约工作了三四个月后，我被调到广告部。工作的调动最明显的不同在于，我多了去采访各行业精英的机会。

那时候我主要负责艺术专栏，采访的大多都是有些年纪的书法家和画家。但我对那些并不太感兴趣，每次采访前也都是胡乱从网上找一些资料，随便看几眼后，仓促写一个采访提纲，就出门了。

我以为自己这样已经够了，直到有一次，原本负责财经采访的同事临时有事，她的采访任务也就交给了我。

那期的人物访谈是一位新媒体作者，工作时间不满五年，但人生履历已经十分厚实。她在毕业两年后辞去了外人眼中不错的工作，风风火火创办了自己的工作室。带着十几位热血同龄人创建自己的品牌，办了慈善型福利院，过上了我梦想中小院、篱笆和狗的生活。

访谈中她说，其实大二的时候她就借着一个互联网项目小赚了一笔。大三的时候，她在北京市区租了一间两室一厅公寓，养了两只阿拉斯加，做上了宠物直播，轻松实现月入上万。大四在别人还沉溺玩儿游戏的时候，她已经开了自己的原创工作室。

当周围的同学都还在愁每个月几百元的生活费时，她已经给自己买了一辆跑车。

更重要的是，她不仅有财，还有头脑，四年来成绩一直名列前茅，最后保送了名牌大学研究生。

说实话，采访她之前，我的心里是很酸的。

人的基因中保留着爱比较、嫉妒的天性："为什么上帝在创造她的时候，手抖了一下，无论是智慧、外貌、运气等，都比自己多，凭什么？"

直到和她熟悉后，我相信，上帝从来都是公平的，有些光环背后，掩藏的是狼狈不堪的现实。

她刚上大学，当周围同学都沉浸在刚刚逃离高中繁重学业气氛中的时候，她每天都坐在图书馆里，阅读一本又一本枯燥的商业书籍。大一下半学期，为了挣一笔起始资金，她利用业余时间，做了三份兼职。

她来自一个小城市，总觉得自己穷，太平凡，没有内涵。所以，别人休息的时间她都拿来恶补。大三的时候，刚做直播，网上铺天盖地一片骂声，有说炒作的，也有嫌弃她长得丑的。

明知道那些话做不得真，但她依然感觉仿佛有一把小刀划在心里。

刚开工作室的时候，资金不足，没有固定的客户群体，她打印了上万张传单，一个人站在街边挨个发。那段时间，她的胳膊连拿筷子的力气都没有。她一个不足二十岁的姑娘，大包大揽扛下了所有的委屈。

面对别人当面挖苦，也只能笑脸相迎，拳头都握在心里。

那一刻我有些羞愧："为什么我们只看到别人笑得闲适，却看不到背后的艰辛，总以为他们轻飘飘就拥有了自己想要的一切？"

因为他们为之拼命流泪的时候，我们看不到。

我们只看到这个小姑娘自给自足，买了房子、车子，有自己的工作室和团队，享受人前的风光。但看不到她在凄冷的深夜，一个人崩溃呐喊的时刻。

不知道她在哪跌过跤，伤口曾经多难看，身上是不是还留着疤。只是她熬过来了，才有了今天。

每个出类拔萃的人，都为他现在所站的位置，付出了很多很多。那么如何才能实现这个梦想呢？

我们需要付出双倍甚至更多的努力。

有实习生说，特别羡慕我一边写字挣钱，一边工作，好像很轻松就把很多人的梦想都实现了。

但我心里是在讲，很轻松吗？明明我体验到了更多的疲倦和孤单。

我所有坐在电脑前十几个小时头晕眼花赶稿的日子，冒着冷风冷雨泡在图书馆的日子，绝大多数人都看不到。别人只看见我建好了一座精致的城堡，围在城堡外指指点点，赞不绝口，但只有我自己知道，我是怎么一砖一瓦堆高它的。

我有被砖石砸脚，胳膊布满淤青，手指都是伤口，在灰头土脸的日子赶工，疲惫地负重的经历，但这些大家都不知道。所有人都指着城堡，说："她多幸运。"

其实，我实在是吃过太多苦了，才敢觉得那些奖赏我受得起。

我们必须耐得住寂寞。

任何成功的路上都是寂寞的，但我们可以做自己想做的任何一件事情。

如果你希望自己这一生中，所走的每一步路，向左，向右，停下来的每一个脚印，都在回首时变成诗句的话，就踏踏实实地走好每一步。

坐享其成是这世界上最不实际的奢望。

别人在健身房挥汗如雨时，你在被窝酣睡如雷；别人在图书馆奋笔疾书时，你在宿舍侃侃而谈；别人严格控制自己的饮食，不肯多吃一点儿高热量食物，你却在午夜胡吃海塞；别人用省吃俭用的钱深造考证，而你拿着钱在商场消费。

所以别埋怨“凭什么别人什么都有啊”，静下心来想想“为什么别人什么都有”。

全世界为他鼓掌的姑娘，一定是为了那份好时光，沉默努力了很久。

问题1.面对别人的冷言冷语或者是不理解，孤独无法排解？

答：如果你所做的事情能获得所有人的理解，那么这件事情得有多普通？如果你渴望获得所有人的理解，那么你得有多平庸？

所有的成功都是孤独一寸一寸画出来的，多和志趣相同、灵魂有趣的人做朋友。让每天都活得热气腾腾，把孤独作为动力，奋力前行！

要知道，总有一天，会有人为你鼓掌。

问题2.为什么你付出了所有，却收获为“0”？

答：生命中，我们总会遇见一些不平凡，我们可以将它归结为运气，家境，但我更愿意称之为实力。

哪怕是从一出生就高高在上的人物设定，依然需要走在坑坑洼洼、陷阱星罗棋布的路上，任何一种选择都会触发不一样的结果。

有些选择，哪怕付出99%的努力，只要没有坚持到最后，收获的也只是0。

不忘初心，砥砺前行，才是我们在孤独中向着梦想的原力。

一个人的下班时间不如高质量的独处

想遇见更好的别人，就要变成更好的自己。总有一天，TA会穿越汹涌的人海，来到你身边，抚平你耳边被风吹乱的发，说：“好巧，你也在这里。”时间会给我们最好的安排。

一个人的下班时间里，你觉得孤独吗？

我问了十几个人，三分之二的人告诉我：孤独。

尤其是忙碌了一天，拖着累到极点的身体，走下地铁，又步行了几百米后，爬楼，打开租住的那间小屋子。站在门口，里面黑黢黢一片。

所有的温暖都来自手里提的那份关东煮，打开微信，群里很热闹，但没有一个人找你。朋友圈，空间甚至微博，都没有一点动态提醒。

你悲伤，失落，甚至开始怀疑，自己是不是被全世界抛弃了。要不然，为什么身边一个朋友也没有，张张嘴，连自言自语都透着几分尴尬。

难得周末休息，洗个澡，吹了一个好看的发型，画了个淡妆，却并没有谁能和你一起去逛街，也没有谁能欣赏你的美好。

街上都是嬉笑相拥的情侣，和谐恩爱的夫妻，蹦蹦跳跳的孩子，欢笑打闹的学生，似乎依然只有你，一个人，那么孤独，孤独到尴尬。

下了班的几小时，本来应该是放松的时光，充电的时光，怎么能沉浸在悲伤落寞里，把时间浪费了呢？

其实从前的我哪里忍受得了这种孤独，生活里似乎永远得有三五个朋友守着自己。

没有知己，纯粹的饭友也可以。自己掏钱约出来四五个朋友，一起吃饭、跑步、K歌，倒也有声有色。回到家里还得在微信群里闹腾几个小时，最后直到真的没有一个人肯搭理自己了，才消停地去睡觉。

直到后来，我才发现，日子热热闹闹地过去了，但自己却一事无成。时间流逝中，我竟在自己没发觉的时候，输给了孤独，浪费了青春。

因为害怕被人定义成性格孤僻，所以聒噪地活跃在每一个群里；害怕一个人在街上跑步很尴尬，于是在找不到人陪的情况下，宅在家里。有时候也无比羡慕那些一个人也可以把生活过得颇有滋味的姑娘，却总是害怕孤独，然后放弃。

其实，感觉孤独很正常呀，毕竟，有谁能不孤独呢？

世界那么大，大家那么忙，在人生这趟不能回首的列车上，大家都忙着做好自己，哪里还有精神去关注别人呢？

所以，需要为自己负责的我们，何不利用这些孤独的时光，充实自己呢？

把一个人的孤独时光，变成自己的增值期。

你可以和那些不必要的人厮混，一天又一天；你也可以在一个人的时光里每天提高一点点，最后改变人生。

整理自己的书桌、衣橱、房间

一个舒适的早晨，把堆了两天的垃圾丢掉，把书桌上摆放的乱七八糟的本子和笔收拾好，把常用的放到收纳盒里。

打开自己的衣橱，把过了季节的衣服收进箱子里，把过几日要穿的衣服拿出来，熨烫整齐；

把花瓶里枯萎的鲜花丢掉，给自己的绿植浇一点水。还掉上周末借的书，买一束花让它兀自开放。对待生活要永远温暖而热情。

让生活充满活力的方式就是多运动

我平均一周就要去游泳一次，每三天要上一节瑜伽课，每天都要跑步五公里，每一个小时都要站起来舒展一下筋骨，看看远方的绿色。

运动不仅仅能提升自己的心肺功能，还能加快身体的新陈代谢。长时间的有氧运动，还会让身体分泌内啡肽，让心情变得愉悦。

培养一个长久的爱好

叔本华说，要么庸俗，要么孤独。一个人，只有在孤独的时间里，才能真正地提升自己，创造全新的价值。

当一个人的时候，你可以做任何你想做的事情。读一本书，拍一朵花，跳一段舞蹈，做一道美食，甚至秀一段直播。总之，只要你开始行动起来，时间从来不会辜负任何人的汗水。

尝试着改变自己的坏习惯，哪怕只有一条

我们身上或多或少，总有一些恶习难以改变，或者是拖延症、懒、将就等，这些坏习惯也许在日常很不起眼，但却可能在特定的环境下，如同突然爆破的十吨炸药，把我们精心布置的一切炸得荡然无存。

心理学家分析，每个人养成一个习惯，只需要1000个小时，1000个小时后，这个习惯将陪伴我们一生。所以何不趁着独处的时间，改变自己的坏习惯呢?

与其把时间浪费掉，不如高质量的独处。

想遇见更好的别人，就要变成更好的自己。总有一天，TA会穿越汹涌的人海，来到你身边，抚平你耳边被风吹乱的发，说："好巧，你也在这里。"时间会给我们最好的安排。

问题：独处是对社交时间的浪费?

答：社会交往是人最重要的能力之一，独处亦是。社交是尝试着与他人之间达成一种和谐，而独处则是尝试着与自己达成一种和谐。

能够独处的人，更能读懂自己的内心。独处是刷新内心的捷径，也是自我更新的机会；在独处的过程中，我们可以反思和感受自我的存在，还能深度体验生活。

有时候，低质量的社交，完全不如高质量的独处。

因为逆风，所以努力奔跑

当你与别人的实力相差为1米的时候，那些在你身后的人，拼命想把你拽到后面，绊倒你。但是当你与别人的实力相差1千米的时候，那些远远被落在后面的人，连嫉妒你的力气都没有了。

周末和闺蜜逛街，一路上就见她不停地在手机屏上敲呀敲。问她衣服的建议，她也只是敷衍地“嗯，啊，差不多，还好……”我看她既然已经无心逛街，索性拉着她去吃饭。结果到了餐厅，她双眼依然不离手机。

在我点好菜，等了二十分钟后，饭菜已经上桌。她依然埋头苦战，甚至忘记了日常的“拍照礼仪”。我实在忍不住问她：“你忙什么哪？”

她头也没抬，说了一句：“你先吃，我家爱豆在网上被人黑了，我正在净化评论。”

我这才恍然，拿出手机看了看微博热门，果然有她爱豆。

剧情很简单，所谓爱豆，有狂热粉，自然也有黑粉。每天捕风捉影找到一点似真似假的消息，编出一堆的故事，引发一场粉丝内的混战。

她的爱豆是一位十八线的小明星，出演一部很受争议的网络IP剧走红。

算不上特别帅，但是自带一种学生时代的干净气息，身高、才情都在线，自然收获了上百万的粉丝，其中就包括我这位闺蜜。

说来也怪，这位爱豆体质招黑，两家时尚杂志争资源，他能被误伤；别家爱豆争流量小主，他一个十八线的依然能被误伤……粉丝圈里都说，一切源于他的粉丝太可怕了。明明人数不算多，却凭借了超乎正能量的行为，刷了一个又一个站点。而今天她家爱豆登上微博热门，又是源于时尚资源的误伤。

两家时尚杂志在争行业老大的地位，恰逢他家爱豆和其中一本进行合作，于是两家杂志粉丝网络对抗，她家爱豆就成了风口浪尖上的箭靶子。

我看闺蜜忙得不亦乐乎，出言阻止：“难道你现在也是所谓的键盘侠？圈里的事情错综复杂，你现在手撕，无非是被人当作脑残粉罢了。”

谁知闺蜜抬头瞟我一眼：“没有，我只是把他的一些日常照片做成视频，发到网上罢了。他只是一个普通的大男孩，有人喜欢，有人不喜欢，很正常。但这么多年，为了现在这一点资源他付出的努力，我也想让更多人看到，”说实话，我当时还挺诧异她的豁然。

某位一线女明星不也说，欲带皇冠，必承其重。再回看现在的流量小主们，无论是当红小生，还是新一代小花，哪一位不是曾经被黑出天际？而现在凭借自己的实力，让一众黑粉闭嘴。

有人黑他们刚出道时，不懂人情世故，做出来许多低情商的事情，但也并不见这些人回复。

他们依然我行我素，一步步走得更高。于是现在身处高位，那些曾经的低情商，也就变成了真性情，曾经的“目中无人”换成了“自信霸气”。

难以想象若是当初的他们被几句诋毁的语言伤至颓废，就此再不行动，会是什么样的光景。

犹记得中学语文老师在班会上说的那句话：“当你与别人的实力相差为1米的时候，那些在你身后的人，拼命想把你拽到后面，绊倒你。但是当你与别人的实力相差1千米的时候，那些远远被落在后面的人，连嫉妒你的力气都没有了。”

所以，努力奔跑，即使是逆风！就像大鹏展翅一定要借风而起，逆风反而是我们飞跃天际的好时机。

也许我们碰到一点压力就把自己整成狂躁不安的样子，碰到一点挫折就把前途描摹成黯淡无光的样子，碰到一点波澜就抱怨时运不济、命运不公。

但，逆风起降的飞机比顺风起降的飞机更安全，逆风奔跑一定比顺风跳跃来得更远。

迈出大学校门那一瞬开始，我们就有了自己的辛酸故事。纵使深夜痛哭哀嚎，隔天也能拔节生长。

曾经一篇热文说得好“这里是职场，要哭回家哭！”

生活中有谁那么幸运能一直当傻白甜，我们要做的是浴血重生。

无论在生活还是在职场中，总是会遇到不如意的事情。那么在逆风里，我们要如何面对呢？

每天坚持总结经验教训。

在人生的道路上，我们彼此负重前行，而错误就像是我们从河里淘出来的沙子。总结出哪的沙子最干净，哪的沙子含金量最高，才能保证下一次淘沙的收获。

把握住每一次机会。

上周我一位同事离职了，去了更好的平台发展。而促使这一切的只是一个十几万的小项目。前段时间公司有一个小项目和另一家国际百强企业合作，但项目不大，也没什么丰厚的利润，于是不少人都不愿接，唯有这位同事欣然接下，并在那个项目上付出了双倍的精力，一个十几万的项目最后竟获得了近三十倍的盈利。于是项目结束，合作的那家公司向他抛出了橄榄枝。

而原本那些推辞的同事，只能跳脚兴叹自己错过了机会。

奔跑奔跑，永不放弃的奔跑。

我希望每天叫醒你的不是你床头的闹钟，而是你心中的梦想。复原力与调适力，是职场成功的关键。

不要在自己还可以给予的时候选择放弃，凡事都不会在你决定放弃努力之前真正结束。

也许现在已经很累，但未来的路还很长，不要忘了当初为何而出发，是什么让自己坚持到现在，勿忘初心。因为逆风，才是我们奔跑的方向。

问题1.面对挫折难免会颓废，想就此放弃，怎么将挫折变成正能量呢?

答：对于强者，无论是职场还是生活，一定都是愈挫愈勇。不回看过去，不奢求将来，把握当下才是真正的正能量。

问题2.面对别人的质疑，是改变自己，还是继续前行?

答：我希望大家可以具备两点品质，坚持和反思。人虽有社会性，但却也是独立的个体，无论生活或者工作，惹人非议实在是正常。若你的坚持能获得全部人的认同，那它得平凡成什么样。但，我也希望你能时刻反思自己，才能在正确的方向走得更远。

读懂职场规则，你才不会白忙

从职场新人入职第一天打酱油开始，差距就已经出来了。

天底下无论好老板、坏老板，被诟病的那些事儿，来回来去都是一样的，但职场新人犯的错却是各有各的不同。

毕业3年，5年，10年后，和老同学见面，有些尴尬是再也掩饰不了的。

比如他放在桌上的法拉利钥匙和你揣在兜里的电动车钥匙。

比如她挎的香奈儿最新款包包和你从某宝上促销抢购的批发货。

比如她的限量版香水和你身上3元钱的香皂味。

我并不是说，只有有钱才是最好，但是，这的确成了一种差距的象征。

当她坐在西餐厅听着钢琴乐吃着五分熟牛排时，也许你正在菜市场和大妈因为几毛钱而争论。

当她可以轻松让孩子接受更好的教育时，也许你只能各种托关系来让孩子进一所好一点的学校。

人和人的差距，到底是什么时候被拉开几倍、十几倍、乃至几十倍的？

起跑的时候，明明只有几厘米的距离，跑着跑着，三年一回头，五年一回首，距离越拉越大，没准自己什么时候就要给曾经看不上的同学打工。

我的室友李轩在裸辞后的第三十八天，接到了一家外企的面试电话。但是第二天她在面试的时候，惊然发现，主考官竟然是自己曾经最讨厌的一个姑娘。

这一事实让她很尴尬，没等面试结果公布就匆忙离开。下午的时候接到她在路上打来的电话，语气里依然残留着一些愤愤不平："大学的时候，她并不比我强呀，现在竟然比我高两个级别！"

人和人的差别，到底是怎么拉开的?

从入职第一天起，人与人的差距就出来了。

天底下，所有的职工辞职来来回回原因都是一样的，但是职场新人被辞退的理由却是千千万万的不同。

想要年少居高位，鱼跃龙门，从入职的第一天开始，你就得知道哪些是职场千万不能碰的死忌，而哪些是办公室最欢迎的品质。

读懂职场规则，你才不会是在职场上栽跟头的那99%的人，所以成功才只属于1%的人。

永远在给自己找借口。

这种职场病，几乎人人都犯过。人性的本能，就是保护自己。当遭受责备时，你的第一反应就是否认，解释。然而，没有一个老板喜欢听你解释。

因为飞机延误，所以迟到；因为设计广告创意不够，所以影响力不佳；因为商家交货质量不好，所以投诉不断。明明自己已经非常努力，但最后还是因为别的因素出现了错误。

所有的事故都有一个完美的借口，但总没有一个完美的结尾。

优秀者面对错误，不解释，只解决。

平庸者永远都在解释自己做不了什么，而优秀者只汇报自己做到了什么。

平庸者用无数的借口来解释自己的能力不足，比如运气差；优秀者只用结果来解释自己的努力。

要知道，你现在所淌过的河，踩过的石子，你的领导年轻时都淌过。那些困难、挫折、委屈、冤枉，他也曾经历过。

所以，不要再给自己找借口啦，成事固然不容易，但在其位谋其事。

谁都知道成功没那么容易，但你的人生只能有一种选择，出众或者出局。

有责任心，有担当，全力以赴，杜绝畏难情绪。

“上周老板交给我的任务，说好了5号交，今天已经4号。翻了翻进度，肯定不能按时完成，怎么办？”

“当作忘记了吧，TA那么忙，肯定不记得了，大不了请假在家赶完进度再上班！”

不好意思， 这是大忌。

职场上，我们难免会因为预估失误，造成不能按期完成进度。这种情况下，你的正确方法是第一时间告诉领导，尽可能延长交付日期，同时继续保持全力以赴的速度，给团队和公司一个准备时间。

同时，我们在接受任务时，一定要合理预估自己的能力和时间，量力而行，莫要为了一时的好印象，盲目接受，贪多猛进。

被动的人，在任何公司都没有前途。

上等人才，要一给五；中等人才，要一给三；下等人才，要一给一；连要一给一都做不到的人，那就别抱怨为什么永远是你打杂跑堂。

机会永远都是靠自己争取来的。积极主动为自己找一些机会，实现自己的价值。

所有的努力都需要正确的方向。

职场上不怕犯错误，怕的是十年后依然在同一个坑里摔倒。为什么优秀者比平庸者更容易成功，不一定是他们跑得有多快，而是因为同样的错误，他们只犯一次。

很多时候，领导不怕你不会，也不怕你犯错误，怕的是多次犯错误，还没有解决预案。

把完美主义，作为拖延症的借口。

拖延症就是拖延症，即使你看了几十本关于克服拖延症的书籍，读了一大堆的鸡汤道理，但若不能从本质上说服自己马上行动，你就依然会给自己找一大堆冠冕堂皇的理由去安慰自己。

比如什么这些根本不适合，什么时机未到，什么你想要的是诗与远方……这样的人，我们身边从来都不少，他们甚至到了垂垂暮年，依然不会反省自己眼高手低，只是安慰自己未遇到伯乐。

不想在单调的小事上浪费自己的青春。

“我大学毕业并不是为了给老板拿外卖”曾经火爆朋友圈，文中翔实地诉说了自己的委屈和无奈，似乎自己有天大委屈，满身才华却得不到施展空间。

但世界上从来没有绝对的好工作、坏工作。越是平凡的工作，就越是容易被大家忽略，从而做出一番新成绩。

巴黎时装杂志主编里有哪位不是从剪报开始？百强企业CEO又怎么可能没有当助理的激情岁月？甚至享誉国际的星爷不也是从一个个龙套角色演起？

那些日积月累，看似毫无意义的日常，最后都会沉淀出含金的沙，然后在某一个阳光晴好的上午，金沙在阳光照射下熠熠生辉，力保你在平凡的人群中脱颖而出。

这些职场规则，是你在职场上面对波涛汹涌、暗潮翻滚的大江大河时，仍能勇闯虎穴龙潭，九死一生仍能铩羽而归的重要品质。

读懂这些职场规则，莫要让自己的努力变成白忙的人生。

问题：工作出现纰漏，却不敢告诉上司？

答：鸵鸟心态，假装什么都没发生过最要不得。在工作中，不怕犯错，因为只有不断地犯错，快速试错，才能迅速从错误中吸取教训。不断犯错，不断奔跑，在崩溃中成长，这是成长的必经之路。

怕就怕有很多年轻人，遇到一点点困难，害怕，恐惧，就躲避。面对错误，需要做的是和领导主动沟通，开诚布公，千万不要老板跟你说的时候，你满口好好好，说完满脑子空白，假装什么都没发生过。

按自己的意愿过好这一生

大部分人身边都会有来自亲朋好友的各种善意的劝告，为了迎合他们的善意，我们会用尽全力向着他们目标的方向前进。但又有多少人在别人的期望中，丢失了自己？又有多少人，为了不让别人失望，而慢慢地活成了自己不喜欢的样子？

生活中我们常用“断舍离”的方式清理那些不再被需要的外物，但其实更应该清理的是“注意力”。这个世界上真正在意你，并且了解你的人，只有你自己。

从来没有谁能做到对你的生活感同身受，但是你却为很多外来的声音和事情而烦忧，有时候，生活之所以累，是因为你在意太多事。

前段时间有一个读者在后台留言，说：“小时候由于生病、吃药、缺乏锻炼等原因长得很胖，受尽了旁人的指指点点，后来即使瘦了一些，也从来没有穿过裙子，一直害怕别人嘲笑自己的身材。2017年，买了各式各样的裙子，包臀裙、A字裙、公主裙……尽管有些东西不完美，但新的一年还是希望能接受最真实的自己。”

是的，尽管还是有些不完美，但还是要接受最真实的自己。

“太瘦、太胖、太高、太矮、太可爱、太野、太腼腆”，从小到大，我们的耳边就充斥着各种声音，告诉我们应该变成什么样子。但其实你并没有什么错，却还是要面对身边人褒贬不一的评价。

颜素住在我家楼上，是一位90后的小姑娘，她性格开朗，无论什么时候见到谁都要送上一个灿烂的笑容。但其实她心里藏着一个秘密，她总是感觉自己长得不够好看，甚至有些丑陋。

起因还是在她上初中的时候，因为性格内向，在班内并没有什么朋友。某天班里的小霸王指着生物课本上“鸭嘴兽”的图片，站在讲台上大声嚷嚷：“你们看，颜素和鸭嘴兽好像呀！”

即使整件事情最后被老师镇压，也从来没有人叫过她这个绰号，但这三个字依然像是被一把烧红的烙铁，血肉模糊地烙印在了她心里。

随着年龄的增长，颜素的容貌褪去了稚嫩，她学会了化妆和穿衣搭配，身后也有一大堆的男生追求，但她依然因为自己的外貌自卑。

有人说颜素胖了，于是她每天忙着健身；说颜素的穿着和年龄不符，于是她逛了几天的商场，花费巨大买了衣服；有人说颜素额头不够饱满，双眼皮不够宽，嘴唇不够翘……于是她做了全脸微整形手术。

但是结果依然有人说她这不够好，那不够美。

颜素的生活似乎并没有变好，相反为了还因微整形、购物等高额消费刷爆的信用卡，她奔波于三份工作中间，整个人疲倦不堪。

为什么要活在别人画出的框架里？要知道自己要活得精彩，生活不为取悦别人。

那么如何按照自己的意愿，过好这一生呢？

学会拒绝是成长的关键一步。

大部分人身边都会有来自亲朋好友的各种善意的劝告，为了迎合他们的善意，我们会用尽全力向着他们目标的方向前进。但又有多少人在别人的期望中，丢失了自己？又有多少人，为了不让别人失望，而慢慢地活成了自己不喜欢的样子？

但是，你的人生是要活成别人期望的样子，还是你自己期望的样子？

别人说的话，听听就好，一切还是要自己做决定，人生是自己的，每一个选择都由自己来做，你要学会独立思考。

不要让那些所谓善意的言论，影响你对自我未来的判断。

忘记你的弱点，发挥你的强项。

你需要利用你的长项，而不是花费精力在克服你的弱点上。

如果你想让自己生活得更自在，更有成就一些，那么不妨改变思路，专注于自己的特长。木桶理论有时候并不适用于人生的所有处境。

生活中大多数人都只是普通人，也许穷其一生也无法摆脱自身的短板。所以与其执拗于补短板，不如利用自己的特长来让自己的生活和工作变得更有意义。

最重要的是，无须因为别人的期望和言论让自己将就着去学会另一个人。

从容面对自己的不同。

无须强迫自己去适应，因为你不需要努力成为别人，尤其是当这样会伤害你的时候，不要担心，去拥抱那个真实的你，不要惧怕这个世界会如何看待你，当全世界都在尝试与这个世界相融合的时候，尝试让世界去与你相融合。

在一个所有人都遵循规则的世界里，没有人会有时间去观察，人们几乎是周而复始地重复着单调，没有人在乎你是谁，所做的是否有意义，只想完成机械的工作。

你需要了解自己、主宰自己、做你自己。

“我最大的错误、我无法原谅自己的错误就是某天我停止追逐自己的个性。”王尔德如此说。

不要等待被允许，请求被原谅与肯定，这个世界上只有一样会使你不能变得优秀，那就是你自己，若你想做，不要仅逞于口舌，只管勇敢去执行。

学会掌管你的生活。

若你对现状不满，尽管去尝试改变，除非你自己先做出改变，否则你的生活永远将一成不变。去挑战舒适区，只要踏出第一步，你已然就在路上了。

不去在意无谓的一切，开始你的新的生命，关注自己的内心，抛弃他人的成见，你将有惊人的跨越。

就像《生活大爆炸》Leonard在演讲中所说的那样："或许你格格不入，或许你是最矮小的、最胖的、最古怪的，或许你即将毕业，但初吻还在等等，所有这些都不能阻止你成为有趣的人。把自己的生活过得精彩，生活不为取悦别人。"

不要随便去评价别人，也不要被别人的评价所左右。

既然无论如何你永远都不可能让所有人满意，那不如先让自己满意。所谓按自己的意愿，就是过自己想要的生活。

问题1.怎样拒绝那些所谓的善意言论?

答：有时候拒绝也是高情商的一种体现，而真正的高情商，拒绝一定是干脆、利落的。可以说拒绝别人，是我们这辈子绕不过去的坎。既然爬也要爬过去，我主张你用优雅的姿态翻过去。干脆地拒绝别人，是尊重双方的时间成本。也是为了让自己更快地按自己的意愿过一生。

问题2.怎样去了解自己内心的想法?

答：按自己的意愿生活，首先你得了解自己内心的声音。那么不妨正视自己的优缺点，了解哪些长处可以被更好地发挥出来，而哪些短处，若放任之，并不能对你未来的生活造成损害。比如我擅长写字，但是对于绘画却一窍不通，而我周围的人都是善画者，他们自然也是希望我能加入队伍中去。但如是那样，也许我一辈子都将碌碌无为。

天赋不同，不可强求，所以，只有清晰了解自己，才能按自己的意愿过一生。

慢动作让你走得更从容

你所计划的每1分钟都会为你省下10分钟的执行时间。

前几天单位同事聚会，一位实习生酒后趴在桌上歇斯底里："我闺蜜都当上高管了，我还在找工作。"

一句话，我瞬间从后背凉到了心里，我闺蜜有的已经站上国际舞台了，我还在一家广告公司挣扎。

上班之后，经常听到旁边的人说："最近要做的工作好多哦，脑子一团乱，根本没法集中精力！""我明明制订了计划，为什么总有意外，不能按计划进行……""我的办公桌那么乱，可是哪里有时间收拾呢！""呀，这份资料我以为找不到了，刚刚重新做了一份，现在竟然又被翻出来了，后悔得心肝疼呀。"

职场上，似乎人人都很忙。但是，有些似乎并不是非忙不可。难道大家真的宁愿牺牲睡眠的时间，也要熬夜加班到深夜？那为什么宁愿每周工作80个小时，也不愿做出任何改变？

我曾经尝试过许多方法来改变忙碌的状态，比如卸载手机上全部APP软件，过着完全与世隔绝的生活；删掉手机上所有的小说，拒绝它们占用我的业余时间；每天工作十个小时，全力以赴做自己任何想做的……

不可否认，这些计划实施的前三天，我享受到了前所未有的高效，绝大部分工作都被我一点点攻克，某些一直想学习的兴趣爱好，似乎也有时间去研究一番。

我内心禁不住雀跃，甚至已经开始偷偷幻想，也许不用几个月，就要升职加薪登上又一个人生高峰。

但是七天后，我整个人出现了与之前完全相反的状态。

整个人仿佛被掏空，只想泡在各种社交软件上，什么也不做。那些被我卸载的APP被重新装上，删掉的小说重新下载，打电话疯狂约人，聚会唱歌，仿佛要把全部的精力，都消磨干净。

明明知道还有那么多的工作需要去完成，但从心底升起的厌烦和疲倦，让自己再不想看它们一眼，内心充满了挣扎。

在那些日子里，我只想放松，随便从书架上抽出一本书读一读，出去买点好吃的，顺便在四周走走看看。

这样的状态持续了三四天后，消失不见。

其实很多人都曾出现过，或者正在经历这种状态。倦怠的身体和奢华的目标不断撕扯，我们之所以会出现这样的状态，是因为自己过分渴望能快速到达终点，于是根本没办法挤出时间让自己慢下来，享受人生。

我们有多久没有把爱的人排进日程，没有有效考虑自己的健康，做一些让自己幸福的事情了？

每一天都是自己生命中最年轻的一天，所以，是时候停下无用的忙碌了，好好整理规划下自己的时间。

别总想着加班，想想如何提高生产力。

我们很容易被“长时间工作=高产高效”这种观念所愚弄；毕竟，在一小段时期里，确实是这样的。

但是从长期来看，过度延长时间，只会让我们在不经意中低效工作，从而懈怠，导致产出更少。

研究表明，当每天的工作时间由10小时减少到 8 小时，工作日由 6 天减少到 5 天，工人的效率反而会提高，这就是为什么如今的人们一周大多工作40个小时。

边际产出在超过40小时后便开始递减，直到“连续工作八周，每周工作60个小时的总工作量等于连续工作八周每周工作40小时的工作量”。

事实上，无论从长期还是短期来看，工作时间越长，工作效率和效益就越低。熬夜过后，无论我们多么渴望这一天能够精神百倍地去工作，但身体确实不允许的。

过度的消耗，甚至会影响体内荷尔蒙、多巴胺的分泌，导致心情低落，负能量爆棚。

所以，如果你一天都觉得不在状态，80%的可能是因为缺少睡眠。

用1分钟制订计划，最少会减少10分钟执行。

许多人接到任务后，第一反应就是去执行。往往事情进展到一半的时候，各种问题频频出现，进度不得不慢了下来，有时候，甚至还会面临推翻重来的风险。

所以，当一直在执行工作，而从不后退一步回头计划这份工作的时候，我们是很难更聪明地工作。

Brian Tracy有一句关于效率的名言：“你所计划的每1分钟都会为你省下10分钟的执行时间。”

当我们慢下来，回顾工作内容，并且事先做好计划安排，而不是一味横冲直撞去执行时，我们会更容易把时间和精力安排到特定的工作上的，这会让我们变得更高效。

预留放空时间，让自己休息下。

就算是机器人，也需要等待重启的过程。当我们在工作时，觉得大脑太疲惫时，重启真的也很有用。

我们可以选择去外面走一走，刷刷微博，看看娱乐八卦，或者做一些无需大脑的体力活，甚至可以大睡几个小时。

总之，就是留出一定的时间，让自己完全放空。让自己因为长时间工作而迟缓的大脑得到充足的休息。

每天只列出必须完成的3件事。

“忙”不等于“高效”，这有时很难区分。但是“忙”和“高效”之间确实存在着很大的不同。

高效和我们完成了多少事情没有关系，它和我们完成了多少事情有关。毕竟，一天之中，我们可以去忙很多事情，但真正能高效完成的，却并不太多。

所以，与其把时间耗费在无用的忙碌上，不如最初就高效完成几件。

我最喜欢的保证每天工作高效完成的方式之一是：每天早上只列出在这一天必须要完成的三件事情，并且在接下来的一天里，对这三件事情，集中投入主要的时间和精力。

往往最后虽然做的事情少了，但是每一件的完成度绝对高效，工作变得更加从容，自信心和成就感带来的愉悦享受，为我的工作提供了良性循环。

其实不必活得如此慌张，生活可以是优雅从容地走慢一点，一切都来得及合理规划每天的工作和时间。

毕竟，慢动作，能让我们走得更从容。

问题：长时间连续工作，对你的效率并没有影响？

答：别被自己的感觉欺骗了，你感觉你是有效率的，并不代表着你真的有效率。你只需要回答几个问题："你的待完成列表是可以完成的么？还是你经常把事情放到第二天去做？"，"你是否在手机上虚度几个小时后，尝试着让自己忘记刚刚浪费的时间？"

尝试着欺骗自己有效率的，反而可能会让你更懈怠。而那些你所谓的，长时间处理多件事情，利用咖啡因来换取更充沛的精力，其实反而会让效率变得更低。

当你同时处理多项工作，你会觉得比专注于一件事情有效率，但研究已经多次表明与之恰恰相反。

这些情况同样适用于你长时间连续工作的情况。我认为工作更长的时间只是让你"感觉"更加高效，并且减少对你堆积如山的工作的罪恶感。

但是额外的工作时长只是麻痹你的感觉而已，尤其是在你把时间和精力投入到更加有技术含量、高水平的工作中时。

每一分的努力都是为了下一秒的收获

人生没有白走的路，每走一步都算数。人生每一分的努力，都是为了下一秒的收获。

所有人生“开挂”的人，都曾为了他们现在所站的位置，后来的好时光，付出了很多很多。

我认识的一位前同事，现在已经是一位优秀的编剧。她在年轻的时候，念过美工科，进广告公司当设计师，后来做了杂志的记者、编辑、摄影，当室内设计师，创业开了一家拍客工作室……但没有一个职业让她发光发热，最后才选择当编剧。

但是她刚来工作室的时候，职务真的很难定位，要帮忙整理档案，联络广告客户，替老板同事拿快递外卖，还要兼任外出采购的工作。即使工作量大而繁琐，可是她的工资依然是老样子，丝毫不见涨。

她被关注是在一次小组讨论会上，当时大家因为一个广告争论不休，一直沉默的她突然发言，寥寥几句话，竟然提出了一个不错的广告拍摄视角。

后来我才知道，原来她来这家公司是想从编辑助理做起，慢慢熬成编辑，但是想不到编辑助理的工作竟然如此繁琐，自己能接触编辑的时间反而少了。可是不管她手上堆积了多少麻烦事情，几乎没有谁听到过她的抱怨。

有一次私下聊天，我忍不住问她：“工作内容和你最初的设定差得这么多，又没有时间学自己想学的，难道你不会觉得沮丧或者生气吗？”

她笑了笑说，一开始当然会有许多的负面情绪，也生过无数次想扭头辞职的念头。但是后来她想，既然决定辞职，总得把这边所有自己能学的东西，都学起来，这样才不辜负自己在这里打工了一阵子。

谁知道就是抱着这样的念头，学了不过两个月，就再也没生过辞职的念头了。在这两个月里，无论谁让她做什么事情，她都欣然前往，只为了能多学一点“核心”的知识。结果时间长了，原本空洞的脑子竟然开始被各种创意填满。

过去的工作经验为她的剧本创作带去了很多养分，美工科的训练让她的剧本更有画面感，当编辑、记者的经验让她的文字更老练，就连两个月的编辑助理工作，虽然内容繁杂，却也恰好让她更深入地了解了市场需求，接触的形形色色的人，让她明白什么是“抓住重点”。

最后她还来了一句话总结：“现在想想，无论是多么无聊繁琐的工作，只要“学起来就是我的”。

哪怕后来她因为一本剧本而名声大噪，面对记者的采访，她也从不曾避讳。她说过去自己面对梦想的时候，也曾焦虑、烦躁、迷茫、苦闷。但也正是因为她过去的那些迷茫、焦虑且都半路搁浅的经历，丰富了她的笔尖，让她写出脍炙人口的剧本，打动了更多人的心。

于她而言，过去的经历就是一种积累和对未来的准备，并不是浪费。

编剧徐誉庭曾说：“没有白走的路，除非你不肯继续往前走。”

那天我就想：“为什么我们总害怕付出没有收获，急匆匆地就想把自己想要的一切都拥有了？”

因为我们对未来的不确定性，甚至不自信自己的付出。我们只知道别人学历高，收入高，自己买了房子车子，于是恨不得自己也能赶紧达到她的高度。

我们只看到了她们人前欢笑的模样，却看不到她们所有深夜痛哭的时刻，我们不知道她在哪里跌过跤，伤口曾有多难看。她熬过来了，才有了今天。

但生命本来就是一连串的积累，这些积累中有咸甜苦辣酸五味，我们在不知不觉中积累了生命的厚度，不轻视行动的力量，人生没有白走的路，每走一步都算数。人生每一分的努力，都是为了下一秒的收获。

其实，所有人生“开挂”的人，都曾为了他们现在所站的位置，后来的好时光，付出了很多很多。

我们在收获前需要做的不过三方面。

一、足够的努力才能问心无愧换来足够的回报！

当我再一次升职的时候，一位实习生过来说：“姐，您真是我心中人生开挂的代表呀！”

然后她讲怎样羡慕我一边运营着自己的公众号，一边做网红主播，最后在工作上也很轻松地过得风生水起。

但我自己知道，我过得并不轻松。为了现在的这一切，我付出的岂止是别人三倍，四倍。

我所有抱着笔记本蹲在路边赶稿的日子，熬夜写直播方案的日子，绝大多数人都看不到。别人只看到我光鲜亮丽地穿着皇袍，却没看到我眼底的红血丝，被针扎得鲜血淋淋的手指。

于是别人指着我的衣服说："你看她多幸运。"

不，一点也不幸运，和"开挂"一点关系也没有。我吃过太多的苦，付出了足够的努力，才敢觉得这些光荣我都担得起。

二、厚积薄发才是收获的正确姿势。

认识一个圈里的姑娘，写的文章篇篇爆红，稿费颇多，很多人酸溜溜说她运气好，每次写的话题都正是大家爱看的。

但我知道哪有什么运气，当别人在被窝睡懒觉的时候，她已经在图书馆奋笔疾书；当别人在商场流连忘返的时候，她已经把所有时间交给了各种培训班。哪怕是现在令她成名的文字，也是她坚持默不作声地给杂志社写了十年的稿子，才厚积薄发有了今天的成绩。

三、少问"凭什么"，多问"为什么"。

先别埋怨"凭什么别人运气那么好"，静下心来想想"为什么别人运气好"，或许你就能懂，能接到天上馅饼的人太少了，大多数人的人生，倘若比你的更好，一定是因为，他付出得比你多。

问题：职场上要怎样努力，才能有更好的收获？

答：在职场上努力，你需要知道这四条法则：保持最真的自己，学会灵活应变，；不要过早和过多地暴露自己的野心；做事认真，不留破绽，你的每一个“不小心”，都有可能会成为其他同事在关键时刻弹劾你的把柄；做好自己的职业规划。